新型职业农民培训 系列教材

新型农机使用
与维修实用技术

● 杨月超　米立红　主编

U0272313

中国农业科学技术出版社

图书在版编目（CIP）数据

新型农机使用与维修实用技术／杨月超，米立红主编．—北京：中国农业科学技术出版社，2014.6
（新型职业农民培训系列教材）
ISBN 978-7-5116-1672-2

Ⅰ.①新… Ⅱ.①杨…②米… Ⅲ.①农业机械－使用方法－技术培训－教材②农业机械－机械维修－技术培训－教材
Ⅳ.①S220.7

中国版本图书馆 CIP 数据核字（2014）第 113727 号

| 责任编辑 | 徐　毅 |
| 责任校对 | 贾晓红 |

出 版 者	中国农业科学技术出版社
	北京市中关村南大街 12 号　邮编：100081
电　话	（010）82106631（编辑室）　（010）82109702（发行部）
	（010）82109709（读者服务部）
传　真	（010）82106631
网　址	http://www.castp.cn
经 销 者	各地新华书店
印 刷 者	北京富泰印刷有限责任公司
开　本	850mm×1168mm　1/32
印　张	6.625
字　数	165 千字
版　次	2014 年 6 月第 1 版　2014 年 6 月第 1 次印刷
定　价	20.00 元

新型职业农民培训系列教材

《新型农机使用与维修实用技术》
编　委　会

主　任　闫树军

副主任　张长江　卢文生　石高升

主　编　杨月超　米立红

副主编　吕晓杰　肖　迪　李　鑫

编　者　陈玖章　李淑梅　蔡利华

　　　　闫　颖　杨　毅　王宝静

　　　　边海燕　周　静　周志超

　　　　刘文娜　马克明

序

　　我国正处在传统农业向现代农业转化的关键时期，大量先进的农业科学技术、农业设施装备、现代化经营理念越来越多地被引入到农业生产的各个领域，迫切需要高素质的职业农民。为了提高农民的科学文化素质，培养一批"懂技术、会种地、能经营"的真正的新型职业农民，为农业发展提供技术支撑，我们组织专家编写了这套《新型职业农民培训系列教材》丛书。

　　本套丛书的作者均是活跃在农业生产一线的专家和技术骨干，围绕大力培育新型职业农民，把多年的实践经验总结提炼出来，以满足农民朋友生产中的需求。图书重点介绍了各个产业的成熟技术、有推广前景的新技术及新型职业农民必备的基础知识。书中语言通俗易懂，技术深入浅出，实用性强，适合广大农民朋友、基层农技人员学习参考。

　　《新型职业农民培训系列教材》的出版发行，为农业图书家族增添了新成员，为农民朋友带来了丰富的精神食粮，我们也期待这套丛书中的先进实用技术得到最大范围的推广和应用，为新型职业农民的素质提升起到积极地促进作用。

2014 年 5 月

前　言

　　"十八大"以来，党和政府进一步加大惠农政策的力度，农机化事业得到了进一步的发展，各种新机具、新技术不断地运用到农业生产中。面对新的形势，从服务农民、提高粮食产量和农机作业效率出发，结合近年来推广的玉米收获、农机深松、免耕播种、青饲收获、机械化保护性耕作等项新技术、新机具，我们组织相关技术人员编写了这本书。

　　书中用通俗易懂的文字详细介绍了农机新技术的内容、好处、增产原理以及相关机具的使用、维修、保养等方面的知识，以求对农民朋友有所帮助，并在农业生产中加以运用。

作　者

2014 年 5 月 9 日

目　录

第一章 职业道德和常用涉农法律法规

第一节 职业道德

一、职业道德的定义

职业道德是指从事一定职业的人员在工作和劳动过程中所应遵守的、与其职业活动紧密联系的道德规范和行为准则的总和。职业道德包括职业道德意识、职业道德守规、职业道德行为规范以及职业道德培养、职业道德品质等内容。

每一项职业都有与之相适应的职业道德，农机驾驶操作人员的职业道德是指在驾驶操作农业机械的职业范围内形成比较稳定的道德观念和行为规范的总和。

二、农机操作人员职业道德特征

1. 农机操作人员职业道德是社会公德在农机操作行业中的具体体现

农机人员的职业道德和各行各业的职业道德一样，它不是一个独立的体系，它的形成和发展都是以社会公共道德（也就是社会公德）为基础。也就说是社会公德在农机行业中的体现。社会公德包括文明礼貌（不说脏话）、助人为乐、爱护公物、保护环境。它和社会公德的原则规范关系是个性和共性、特殊和普通、具体和一般的关系，是社会公共道德的组成部分，是社会公共道德在农机操作机驾人员职业中的具体化。农机操作人员职业道德的形成发展和完善，又会反过来促进社会公共道德原则、规范的普及。

总之，有良好职业道德的农机操作手一般都有良好的公共道德素质。

2. 农机操作人员的职业道德对农机操作全过程行为都具有约束力

在农机操作工作之外的某些行为也要受职业道德的约束。如明知第二天一早要驾车外出，晚上不好好休息、睡觉，搓麻将、打扑克到天明，尽管这种行为并非农机职业道德行为，但直接影响第二天操作机驾，会严重影响安全行车，给人们和自己的生命财产安全造成潜在威胁。还有操作人员与他人争吵斗殴、发生矛盾，对损害群众货物视而不见，对货主遗忘物品不设法归还，反而占为己有等。这些行为虽与农机操作机驾人员的操作行为不一定有直接关系，但与农机操作人员的道德行为和社会声誉有极大影响。因此，社会对农机操作人员的职业道德提出了更高的要求，并对农机操作人员的种种不良倾向加以约束。

3. 农机操作人员职业道德是操作人员的自身意愿

每一个农机操作人员都渴望有一个良好的作业环境，良好的作业环境要求每一个操作人员严格遵守职业道德，摒弃各种不道德行为才能实现，正因为如此，我们农机操作队伍中涌现出许许多多先进人物与事迹，不仅受到社会的肯定赞扬和有关部门的表彰，同样也受到广大操作人员的肯定和尊敬。反之，极个别操作人员只顾自己方便，不顾他人利益，只顾自己赚钱，不顾他人安全等违反职业道德的行为，必然会受到社会舆论的谴责，甚至会受到交通法规的处罚，严重的会受到法律的制裁。

三、农机操作人员职业道德教育的重要性

农机操作人员职业道德教育是提高农机操作人员素质的重要

手段，对弘扬民族精神和时代精神，形成良好的社会道德风尚，促进物质文明和精神文明的协调发展，具有十分重要的意义。

1. 对农机操作人员普遍进行职业道德教育，有助于农机操作队伍整体素质的提高，促进社会主义精神文明建设

由于农业产业的快速发展，各种农业机械发展速度也越来越快，农机价格低廉，适应性强，应用广泛、效益明显、在农村一直很受农民欢迎。队伍越来越大，作用越来越大。但农民操作手素质的提高远远适应不了农机数量的增长。有的素质不高，漠视交通法规，违章违规现象产生，有的不注重学习，技能掌握不够，机械故障较多，服务质量低劣。因此，有必要加强职业道德教育，提高思想道德水平，提高队伍整体素质，带动行业风气健康向上，从而促进社会主义精神文明建设。

2. 对农机操作人员进行职业道德教育，能有效减少交通违章，预防交通事故的发生

农业机械的出现对农村社会经济的发展和新农村建设起到巨大的推动作用，同时也会带来许多灾难，就是"交通公害"。它包括交通事故、交通污染和交通噪音。特别是交通事故，已严重地威胁着人们的生命财产安全，成为当今世界的"第一公害"。中国每年交通事故 50 万起，因交通事故死亡人数均超过 10 万人，稳居世界第一。统计数据表明，每 5 分钟就有一人丧生车轮，每 1 分钟都会有一人因为交通事故而伤残。其中，农机死亡事故人员在 60~80 人徘徊。这给国家和人民生命财产造成了很大损失，这些事故中很大部分就是由于农机操作人员作业过程中缺乏必要职业道德责任和职业道德，违章违法造成的。只要我们加强对农机操作人员的职业道德教育，使他们能够遵守相关的法律法规，文明安全行驶，违章现象会大大减少，农机事故就会得到有效遏制，人民生命财产安全得到有效保障。

3. 对农机操作人员进行职业道德教育，有利于维护道路的畅通、安全和有序，促进社会经济的持续发展

社会经济发展离不开交通运输，农村繁荣、农业增效、农民增收，离不开农业机械化的大发展。要改变农村农机事故频发的违章现象和现状，最关键的是加强对农机操作人员的交通道德职业的教育，提高农机操作人员的职业道德素质，使文明操作、安全行车，在"三农"服务中作出更大贡献和成绩，并促进农机化事业又好又快发展。

四、农机操作人员职业守则

农机操作人员在遵守社会公德、职业道德基本规范的同时，还应结合自己工作的特点，自觉遵守本职业的道德规范。

农机操作人员的职业道德主要有以下内容。

1. 遵纪守法，爱岗敬业

遵守劳动纪律是职工最重要的职业道德之一。作为农机操作人员，要操纵农业机械在田间作业，有时还要在公路上进行运输作业，稍有疏忽大意，就会造成设备财产损失，甚至发生人身伤亡事故。因此，农机操作人员不但要遵守一般的法律、法规，还要严格遵守农业机械操作规程、农机安全监理规章和道路交通管理条例等法规，确保安全生产。

2. 诚实守信，公平竞争

诚实守信不仅是做人的准则，也是做事的原则 一个人要想在社会立足，干出一番事业，就必须具有诚实守信的品德，一个弄虚作假，欺上瞒下，糊弄国家与社会，骗取荣誉与报酬的人，他们是要遭人唾骂的。诚实守信首先是一种社会公德，是社会对做人的起码要求。

3. 文明待客，优质服务

文明操作要求自觉遵守法规和规章制度，必须从自身的每件

细小 的事情做起，平时一言一行都养成良好的遵章守纪，遵守社会公德的 习惯。礼貌待人要农机操作人员在日常生活中举止得体，谈吐文明，谦 虚谨慎，团结友爱，大事讲原则，小事讲风格，树立良好的品德风范。

农机操作人员面向"三农"、服务"三农"，广大农机手必须对自己从事的职业负有高度的责任感和自豪感，认认真真扎根"三农"，时时刻刻为"三农"做贡献，全心全意为农民服务。

4. 遵守规程，保证质量

农机作业的对象是土地和作物，作业的及时性和质量优劣对农产品产量和品质有很大影响。农机操作人员要有高度负责的精神，按照农业技术要求和操作规范，认真对待每一项作业，每一道工序，尽职尽责，确保作业质量，优质、高效、低耗、安全地完成生产任务。

5. 安全生产，注重环保

遵章守纪、安全行车是农机操作人员最基本的行为规范。农机操作人员是农村的男性青壮劳力，是家中的顶梁柱，上有父母需要赡养，下有儿女需要抚育，若一人出事则全家遭殃。因此，必须把安全操作作为头等大事来抓，这既关系到自己家庭和他人的幸福，也关系到社会的稳定、安定。全体农机操作人员必须警钟长鸣，从小事做起，从我做起，牢固树立安全责任重于泰山，时时刻刻注意安全，不负社会和家庭的期望。

五、违反农机操作人员职业道德规范的主要表现

农机操作人员在作业过程中必须时刻遵守各种法律法规，同时，也必须遵守职业道德规范。然而在现实生活中，一些操作人员不懂职业道德，经常发生一些不道德行为。列举以下几种，望大家对照，引以为戒。

（1）肇事逃逸。

（2）开故障车。

（3）酒后开车。

（4）疲劳驾车。

（5）不参加年审。

（6）违章载客。

（7）私自改装。

（8）恶性竞争。

（9）严惩超载。

（10）违章占道。

（11）不讲社会公德。

六、提高农机操作人员的职业道德素养的途径

（1）加强自身修养。一学、二思、三行。

（2）多渠道进行职业道德教育。传授、示范、施教。

（3）加强管理，严格执法。执法必严，违法必究。

（4）加强精神文明建设。提倡弘扬三德（社会公德，职业道德，家庭美德）。综合提高素质，成为社会有用人才。

七、新时期农机操作人员规范要求

创建新颖的农机操作人员的职业道德体系，是农业机械化管理服务的重要工作内容，又是一个庞大复杂的工作过程，需要全系统乃至全社会上下共同努力，不懈奋斗，需要调动和发挥全体农机人，尤其是广大农机操作人员的积极性、主动性和创造性。各级农机部门要大胆解放思想，更新观念，积极改革，不断创新，科学实践，创新体制，激活机制，与时俱进，不断推进农机操作人员：职业道德的规范和建设。对新时期农机操作人员提出以下几点要求与希望。做一个合格的农机操作人员一要既懂政

治，更要钻业务。二要既懂法律，更会讲政策。三要既懂服务，更会管理。四要既讲科学，更要讲方式。

第二节　相关法律知识

农机法规内容包括党和国家安全生产的方针、政策，国家公布的农机安全生产法规、规章，安全操作规程和技术标准等，还有各省（市、区）制定的地方性法规、规章、规范性文件。主要包括《中华人民共和国农业机械化促进法》《农用拖拉机及驾驶员安全监理规定》《农业机械安全监督管理条例》等。相关法律法规见书后附件

第二章 拖拉机使用维修与保养

第一节 拖拉机的分类及性能

一、拖拉机的分类

拖拉机一般可按下列一种方法分类。

（一）按用途分类

1. 工业拖拉机

主要用于筑路、矿山、水利、石油和建筑等工程上，也可用于农田基本建设作业。

2. 林业拖拉机

主要用于林区集材，即把采伐下来的木材收集并运往林场。配带专用机具也可进行植树、造林和伐木作业，如 J-80 型和 J-50A 型拖拉机。一般带有绞盘、搭载板和清除障碍装置等。

3. 农业拖拉机

农业拖拉机主要用于农业生产，按其用途不同又可分为以下几种。

（1）普通拖拉机。它的特点是应用范围较广，主要用于一般条件下的农田移动作业、固定作业和运输作业等，如丰收-180、泰山-25、铁牛-650 等型号的拖拉机。

（2）中耕拖拉机。主要适于中耕作业，也兼用于其他作业，如长春-400 型即属万能中耕拖拉机。它的特点是拖拉机离地间隙较大（一般在 630mm 以上），轮胎较窄。

（3）园艺拖拉机。主要适于果园、菜地、茶林等地作业。它的特点是体积小、机动灵活、功率小，如手扶拖拉机和小四轮拖拉机。

（4）特种拖拉机。它适于在特殊工作环境下作业或适应某种特殊需要的拖拉机。如船形拖拉机（湖北－12型机耕船、机滚船）、山地拖拉机、水田拖拉机等。

（二）按行走装置分类

1. 履带（也称链轨）式拖拉机

履带式拖拉机的行走装置是履带，它主要适用于土质黏重、潮湿地块田间作业，农田水利、土方工程等农田基本建设工作。目前，我国生产的都是全履带式拖拉机，如东方红－75、东方红－802、东方红－70T、东方红－1002/1202等型号的拖拉机。

2. 轮式拖拉机

轮式拖拉机的行走装置是轮子。按其行走轮或轮轴的数量不同又可分为手扶式和轮式拖拉机两种。

（1）手扶拖拉机。它的行走轮轴只有一根。如轮轴上只有一个车轮的称为独轮拖拉机，有两个车轮的称为双轮拖拉机。由于它们只有一根轮轴，因此，在农田作业时操作者多为步行，用手扶持操纵拖拉机工作，所以，我国习惯上将具有单轴独轮和双轮拖拉机称为手扶拖拉机，如工农－12（工农－12K）、东风－12型等手扶拖拉机。手扶拖拉机实际上是轮式拖拉机中的一种。

手扶拖拉机还可根据带动农具的方法不同分为以下几种。

①牵引型手扶拖拉机：它只能用于牵引作业，如牵引犁、耙进行农田作业，牵引挂车运输等。

②驱动型手扶拖拉机：它与旋耕机做成一体，只能进行旋耕作业，不能做牵引工作。

③兼用型手扶拖拉机：它兼有上述两种机型的作业性能。由于它的使用范围较广，所以，目前生产的手扶拖拉机多属此种。

（2）轮式拖拉机。它的行走轮轴有两根，如轮轴上有 3 个车轮的称为三轮拖拉机；如果 4 个车轮的称为四轮拖拉机。我们通常所说的轮式拖拉机是指双轴三轮和四轮这两种形式的拖拉机，我国目前生产和应用最广泛的是四轮拖拉机。按驱动形式不同，四轮拖拉机还分为：

①两轮驱动轮式拖拉机：一般为后两轮驱动、前两轮转向。驱动形式的代号以 4 乘 2 来表示（4 和 2 分别表示车轮总数和驱动轮数）。在农业上主要用于一般田间作业、排灌和农副产品加工以及运输等项作业。

②四轮驱动轮式拖拉机：前后共两个轮都由发动机驱动。驱动形式代号为 4 乘 4。在农业上主要用于土质黏重、大声地深翻、泥泞道路运输等作业。在林业上用于集材和短途运材。

③船形拖拉机：这是我国创造的一种水田用的拖拉机。它的特点是用船体支承整机重量，适于湖田、深泥脚水田作业。

④耕整机：这是我国近几年来新开发的一种结构简单、采用独轮或双轮驱动，适用于小块地水耕与旱耕的简易小型农用动力机械。

（三）按功率大小分类

①大型拖拉机：功率为 73.6kW（100 马力）以上。

②中型拖拉机：功率 14.7 ~ 73.6kW（20 ~ 100 马力）。

③小型拖拉机：功率为 14.7kW（20 马力）以下。

二、不同类型拖拉机的特点

不同类型拖拉机具有不同的特点。它们的特点不仅体现在结构式上，而且还体现在它们的体积、重量、材料消耗、制造成本、牵引力和对土壤及作物的适应范围等各个方面。了解不同拖拉机具有不同特点，对我们选购和销售拖拉机来说是很重要的。

（一）履带式拖拉机

由于履带式拖拉机是通过卷绕的履带支承在地面上，履带与地面接触面积大、压强（单位面积的压力）小，如东方红 – 802 型的接地压力为 44.1kPa（0.45kg/cm²），所以，拖拉机不易下陷。又由于履带板上有很多履刺插入土内，易于抓住土层，在潮湿泥泞或松软土壤上不易打滑，因此，具有良好的牵引附着性能，与同等功率的其他类型拖拉机相比较，它能发出较大牵扯引力，因而履带式拖拉机对不同的地面和土壤条件适应性好，并能做其他类型拖拉机难以胜任的开荒、深翻和农田基本建设等繁重的工作。它的缺点是体积大而笨重，消耗金属多，价格和维修用高，配套农机具较少，作业范围较窄，易破坏路面而不适于公路运输。所以，综合利用性能低。

（二）两轮驱动轮式拖拉机

其特点基本上与履带式拖拉机相反。它的体积较小，重量较轻，消耗金属较少，价格和维修费用较低。配套农机具较多，作业范围较广，能用于公路运输，每年使用的时间也较长，所以，综合利用性能较高，在我国两轮驱动的轮式拖拉机主产和销售量都比较大。它的缺点是对地面压强大，在田间工作时轮胎气压一般为 83.3 ~ 137.2kPa（0.85 ~ 1.4kg/m²），硬路面一般为 147 ~ 196kPa（1.5 ~ 2.0kg/m²），易陷车；在潮湿泥泞或松软土壤上易打滑，牵引附着性能差，不能发出较大的牵引力。因此，两轮驱动的轮式拖拉机在需要牵引力较大或路面及土壤条件差的情况下工作时（如开荒、深翻、农田基本建设、爬越路面障碍等），其工作质量不如履带式拖拉机。

（三）四轮驱动式拖拉机

其特点介于两轮驱动轮式拖拉机和履带式拖拉机之间，它是兼有两者某柴优点的机型。由于它是四轮驱动，所以，其牵引性能比两轮驱动的轮式拖拉机高 20% ~ 50%。它适于挂带重型或宽幅高效农具，也适于农田基本建设工作。在中等温度土壤上作业时，它与履带式拖拉机工作质量相差不多，但在高湿度黏重土

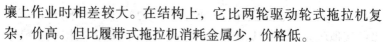

壤上作业时相差较大。在结构上，它比两轮驱动轮式拖拉机复杂，价高。但比履带式拖拉机消耗金属少，价格低。

（四）手扶拖拉机

其特点是体积，重量轻，结构简单，价格便宜，机动灵活，通过性能好。它不仅是小块水田、旱田和丘陵地区的良好耕作机械，而且适于果园、菜园的多项作业。此外，手扶拖拉机还能与各种农副产品加工机械配套，即可作固定作业又可作短途运输，每年使用时间很长，综合利用性能很高。因此，在我国生产和使用的拖拉机中，手扶拖拉机数量为最多。它的缺点是功率小，生产率低，经济性较差，水田作业劳动强度大。

（五）船形拖拉机

目前，船形拖拉机的主要形式是机耕和机滚船。它是我国南方水田地区近来发展的一种新型的拖拉机。它主要是在水田、湖田作为动力与耕、耙、滚作业机具配套使用；若把驱动轮换为胶轮也可作为动力配带挂车运输用。它的工作原理是利用船体支承整机的重量，通过一般为楔形的铁轮与土层作用推动船体滑移前进，并带动配套农具在水田里作业。在低洼地、烂泥较深、无硬底层、牛和拖拉机很难进行作业的田里，由于它不沉陷、不破坏土壤、前进阻力小，所以，它比一般形式的拖拉机和耕牛都具有很大的适应性，它的缺点是作业范围较窄、作业项目较少、综合利用性能低。但由于它制造简单、价格低，在泥脚深的水田、湖田进行耕、耙、滚作业中能发挥较大的作用。因此还是深受欢迎的一种拖拉机。

三、拖拉机产品的名称和型号

（一）拖拉机老产品名称和型号

在《拖拉机产品型号编制规则》（NJ189-79）部颁布标准没有发布之前，拖拉机产品的名称及型号，一般按下列原则编制。

（1）拖拉机的名称应能表示其功用和特点。一般由基本名称和附加名称两部分组成。基本名称为拖拉机，附加名称一般用行走部分的特征加以区别，列于基本名称之前如履带式拖拉机、轮式拖拉机、手扶拖拉机等。

（2）拖拉机的型号，是用有政治意义或地名或表示用途的汉字和用内燃机标定功率（马力）近似值的数字两部分组成，两者间用短横线"－"分开。如：东方红－802、铁牛－55、东风－12、上海－50、集材－50等型号。

综合上述，可见拖拉机老产品名称及型号的编制是很简单的。现举实例说明拖拉机的全称含义如下。

①东风－12手扶拖拉机。表示功率为12马力、型号为东风－12型的手扶式拖拉机。

②铁牛－55型拖拉机。表示功率为55马力、型号为铁牛－55型的轮式拖拉机（在拖拉机全称中一般"轮式"不标明而省略）。

（二）拖拉机产品型号编制规则

原机械电子工业部1988年11月7日发布了《农林拖拉机型号编制规则》，该标准代号为ZBT60004-88，标准规定了农林拖拉机型号的组成和编制方法，适用于农林拖拉机型号的编制。

（1）拖拉机型号一般由系列代号、功率代号、形式代号、功能代号和区别标志组成，按图示顺序排列。

（2）系列代号用不多于两个大写汉语拼音字母表示（后不个字母不得用 I 和 O），用以区别不同系列或不同设计的机型。如无必要，系列代号可省略。

（3）功率代号用发动机标定功率值附近的圆整数表示，功率的计量单位为千瓦（kW）。

四、拖拉机的使用性能

拖拉机在使用过程中所表现出来的性能，称做拖拉机的使用性能，它是评价拖拉机的重要依据。我们经营拖拉机时，在择优先购、组织配件、商品检验、宣传推广、销售、"三包"等各项工作中都会遇到拖拉机的使用性能问题。

（一）拖拉机的可靠性

拖拉机的可靠性，是表示拖拉机在规定的使用条件和时间内工作的可靠程度。通常以拖拉机零部件的使用寿命来衡量，可靠性是评价拖拉机的重要指标，因为可靠性越低，使用时间越短，创造价值越低，同时，增加了配件的供应，影响了生产，用户不欢迎，也影响我们的经营。

由于拖拉机各零部件的工作条件不同及制造水平不同，它们的寿命标准也不尽相同。一般农用拖拉机各部件在第一次大修前应具有的使用寿命为：发动机 5 000 小时，传动系统 6 000 小时，行走系统 3 500 ~ 5 000 小时，无故障工作时数为 750 小时。主要零件也都有相应的规定。我们在组织拖拉机配件供应时，要向生产厂和用户了解情况，掌握这些性能指标，并摸索规律性。为保证产品质量，各种拖拉机（包括整机和主要零部件）都明确地规定了保用期，在原农业部颁发的"三包"细则中规定拖拉机的保用期不得少于一年，但使用累计不超过 1 500 工作小时，这是原农机部对保用期的最低要求。

（二）拖拉机的经济性

拖拉机的经济性是指拖拉机在使用时所消耗的费用。拖拉机经济性主要是指燃料消耗经济性；拖拉机的打滑率、滚动阻力、润滑油耗量、拖拉机的维修和折旧费等也影响其经济性。拖拉机燃油消耗的经济性是用每千瓦小时耗油量，即比耗油量来评价的，对耕整地来说，可用每亩（1 亩 ≈ 667m^2。全书同）地耗油量来衡量。

拖拉机的经济性对使用者和经销者的农机公司来说都是非常重要的，在市场上可以看到，凡使用经济性好的拖拉机，就受欢迎，一般销售量都大。

（三）拖拉机的牵引附着性能

拖拉机牵引性能是表示拖拉机发挥牵引力的能力。牵引力大即为牵引性能强。拖拉机附着性能是表示其行走机构对地面的附着（"抓住"土层）的能力。附着性能好，牵引性能也就好，因此，这两者常相提并论。附着性能主要与拖拉机附着性能好，四轮驱动比两轮驱动拖拉机附着性能好，高花纹轮胎比低花纹轮胎附着性能好。

附着性能强，拖拉机用于牵引力上的功率就能得到充分的发挥，因此，具有同样功率的拖拉机，附着性能强者，其牵引力就大。由于拖拉机主要用于牵引作业，因此，在评价拖拉机是否有劲时，不仅要看拖拉机上的内燃机功率大小，而且还要比较拖拉机牵引功率及牵引力的大小。

（四）拖拉机的通过性能

它包括对地面通过性能和对行间通过性能两个方面。对地面的通过性能是指对各种地面的通过性能。如拖拉机能在潮湿泥泞、低洼有水、冰雪滑路地面行驶顺利，在雨季地湿、松软或砂土团里工作正常，在狭小弯路上通行、爬越沟埂容易等，都说明拖拉机的通过性能好。对行间通过性能是指拖拉机在作物之间（或果树之下）通过的性能。如拖拉机在行间或果树下工作，少伤枝、叶、果，少压损根苗则为通过性能好。

一般说来，拖拉机的外形尺寸小、重量轻，行走装置对地面接地压力小、拖拉机最低点离地面间隙（地隙）大，其通过性能就好，接地压力主要与机重和行走装置的类型有关，重量轻、行走装置接地面积大（如履带），接地压力则小。中耕拖拉机（如长春－400型拖拉机）离地间隙大，可保证中耕时不易损伤

中耕作物的枝叶等。

（五）拖拉机的机动性

它包括拖拉机行驶的直线性及操纵性两个方面。当拖拉机向前或向后直线行驶时不自动偏离直线方向，由于外界影响而偏离后，又有足够的自动回正的能力，这称为行走直线性好。通常所说的拖拉机跑偏，就是指拖拉机行驶直线性不好的意思。拖拉机操纵性能是指拖拉机能按所需路线行驶及制动、起步可靠的性能。拖拉机操纵轻便、灵活、转弯半径小、制动、起步顺利、挂挡可靠，则称为操纵性好。

（六）拖拉机的稳定性

它是指拖拉机能保持自身稳定，防止翻车的性能，特别是拖拉机在坡地上行驶时，其稳定性更为重要。它主要与拖拉机的重心高度及重心在轴距与轮距（履带为轨距）间的位置有关，拖拉机的重心低、轴距、轮距（或轨距）大，稳定性就好。一般说来，拖拉机离地间隙高虽然通过性能好，但幅度于离地间隙高，使其重心也提高了，所以，稳定性差。

（七）拖拉机的生产率及比生产率

拖拉机在单位时间内（以小时计算）完成的工作量称为拖拉机的生产率。拖拉机每千瓦小时完成的工作量称为拖拉机比生产率。拖拉机生产率通常用来衡量功率相同的拖拉机的工作效能，而拖拉机比生产率则用来衡量功率不同的拖拉机的工作效能。拖拉机的生产率和比生产率主要与拖拉机的功率、牵引附着性能及与农机具配套共同工作时的协调程度有密切关系。

（八）拖拉机的结构重量与结构比重量

拖拉机的结构重量是指未加油、水，未装配重，未坐驾驶员拖拉机的重量。拖拉机的使用重量则包括油、水，手扶拖拉机还包括配带农具（旋耕机或犁）的重量。拖拉机每千瓦所占的重量称为结构比重量，结构比重量是衡量拖拉机消耗金属和技术水平的一个重要指标。

拖拉机的上述这些使用性能及其指标有些可能会有相互矛盾的地方，在择优选购及评价时，应把拖拉机的适应范围与使用条件和要求配合起来考虑，才是恰当的。每种拖拉机的这些性能及其指标，在产品使用说明书中或有关技术文件中一般有规定。

第二节 拖拉机的工作原理及基本组成

一、拖拉机的工作原理

（一）轮式拖拉机的工作原理

1. 拖拉机的行驶

拖拉机能行驶是靠内燃机的动力经传动系统，使驱动轮获得驱动扭矩 Mk，获得驱动扭矩的驱动轮再通过轮胎花纹和轮胎表面给地面小、向后的水平作用力（切线力），而地面对驱动力大小相等、方向相反的水平反作用力 Pk，这个 Pk 反作用力就是推动拖拉机向前行驶的驱动力（也称喂推进力）。当驱动力 Pk 足以克服前后车轮向前滚动阻力和所带农具的牵引阻力时，拖拉机便向前行驶。若将驱动轮支离地面，即驱动力 Pk 等于零，则驱动轮只能原地空转，拖拉机不能行驶；若滚动阻力与牵引阻力之和大于驱动力 Pk 时，拖拉机也不能行驶。由此可见轮式拖拉机行驶是由驱动扭矩驱动轮与地面间的相互作用而实现的，并且驱动力要大于滚动阻力与牵引阻力之和（图2-1）。

2. 影响拖拉机行驶的主要因素

（1）滚动阻力。拖拉机的滚动阻力，主要是由于轮胎和土壤的变形而产生的，在拖拉机的重量作用下，轮胎被压扁、土壤被压实。车轮在滚动过程中，轮胎沿圆周围方向与地面相接触的各个部上即被压扁变形，且把车轮前面高出土壤压下去使土壤压

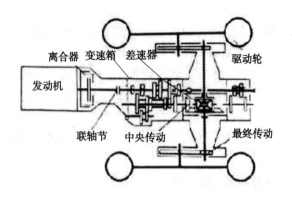

图 2 - 1　轮式拖拉机有级式传动系统图

下去使土壤变形而形成轮辙，即产生了阻碍车轮向前滚动的滚动阻力。影响滚动阻力的因素很多，主要与地面的坚实和潮湿程度上的垂直载荷的大小等因素有关。对同一台拖拉机来说，若地面条件不同，其滚动阻力也不同，如在沥青和水泥或干硬地面上行驶滚动阻力小，拖拉机牵引力就大，在同样使用条件下，若加在轮胎上的重量越大，土壤在垂直方向的变形越大，滚动阻力也就越大。一般来说，减少轮胎本身的变形和土壤垂直方向的变形，有利于减少滚动阻力。若拖拉机在松软地面上行驶，采用低压轮胎，加大轮胎支承面积，则可减小土壤在垂直方向的变形，降低滚动阻力，从而提高牵引力。由于拖拉机主要用于田间作业，多在松软地面上行驶，为减小土壤在垂直方向的变形，因此，拖拉机一般采用的最低压轮胎，采用加宽轮胎也是同样的道理。在我们经营中应注意低压轮胎、加宽轮胎和高压轮胎在使用上的区别。

　　（2）牵引阻力。牵引阻力是拖拉机带动农机具进行作业所要克服的阻力，它等于拖拉机通过连接装置传给农机具的牵引力。由于牵引力等于驱动减去滚动阻力，因此，增加驱动力和减少滚动阻力是提高牵引力的有效措施。

（3）驱动力。它是路面对驱动轮的水平反作用力。因此，内燃机通过传动系统传到驱动轮上的驱动扭矩 Mk 的大小，表明了拖拉机的驱动力 Pk 也越大。但由于 Mk 是由内燃机的功率决定的，因此 Pk 也受到内燃机功率的限制。同时，Pk 又受土壤条件的限制，不能无限增加，因为当土壤的反作用力即驱动力 Pk 增加到一定程度时同，土壤被破坏，驱动轮严重打滑，驱动力 Pk 不能再增加了。我们把土壤对驱动轮所能产生的最大反作用力叫做"附着力"。由此可见，驱动力 Pk 的最大值除了受内燃机功率限制外，还受土壤附着力的限制，而不能无限增加。附着力反映了驱动与土壤间产生最大驱动力的能力。影响附着力的因素很多，主要与地面的条件，轮胎气压、尺寸、花纹和作用在轮胎上的垂直载荷的大小等因素有关。对拖拉机来说，在一定的土壤条件下，在一定的范围内降低轮胎气压、增大轮胎支承面积、改善车轮对土壤的抓着能力、增加车轮的附着重量等，都有利于提高拖拉机的附着力，在拖拉机上普遍采用低压轮胎，有的拖拉机采用了加宽轮胎和高花纹轮胎以及在拖拉机驱动轮上加配重铁，都是为了增加拖拉机的附着力，提高拖拉机的牵引能力而采取的措施。但应指出驱动轮上加配重铁，虽然可增加附着力，但同时，也增加了土壤在垂直方向上的变形，增加了滚动阻力，因此，是否加配重铁，还要视具体使用条件，权衡总的效果进行取舍。拖拉机驱动轮与地面间产生的最大附着能力和抵抗打滑的能力，称为拖拉机的附着性能。若附着性能好，打滑较轻，则驱动扭矩就能充分利用，内燃机的能力也能得到充分的发挥，拖拉机在工作时就显得有劲。若附着性能差，打滑严重，则驱动扭矩就不能充分利用，内燃机的能力就不能得到充分的发挥，拖拉机在工作时就显得有劲使不出来，或者说拖拉机没有多大劲。驱动轮严重打滑，会使拖拉机行驶速度降低，生产和经济性下降，同时，也加快了驱动轮轮胎的磨损，此外，土壤的结构也会遭到破坏。

（二）履带式拖拉机的工作原理

履带式与轮式拖拉机不同，它是通过一条卷绕的环形履带支承在地面上。履带接触地面，履刺插入土内，驱动轮不接地。驱动轮在驱动扭矩的作用下，通过驱动轮上的轮齿和履带板节销之间的啮合连续不断地把履带从后方卷起。接地那部分履带给地面一个向后的作用力，而需也相应地给履带一个向前的反作用力 Pk，这个 Pk 反作用是推动拖拉机向前行驶的驱动力。轮式拖拉机的驱动力是直接传给行走轮的，而履带式拖拉机不同，它的驱动力 Pk 是通过卷绕在驱动轮上的履带传给驱动轮的轮轴，再由轮轴通过拖拉机的机体传到驱动轮上。当驱动力足以克服滚动阻力和所带农具的牵引阻力时，支重轮就在履带上表面向前滚动，从而使拖拉机向前行驶。由于驱动轮不断地把履带一节一节卷送到前方，再经导向轮将其铺在地面上，因此，支重轮就可连续地在用履带铺设的轨道上滚动了。由此可知，履带式拖拉机行使是由驱动扭矩通过驱动轮使履带与地面间的相互作用而实现的，并且驱动力大于滚动阻力与牵引阻力之和。

驱动力的最大值与轮式拖拉机一样，它一方面取决于内燃机的能力；另一方面又受到履带与地面间附着条件的限制。一般来说，拖拉机的功率越大，驱动力就越大。影响附着力的因素很多，就其拖拉机本身的结构来说，合理地选择履刺、履带的形状尺寸，在一定限度内增加履带的承受重量等，均可提高附着力，增加拖拉机的牵引力。

履带式拖拉机的滚动阻力是由土壤在垂直方向上的变形和行走系各机件间的相互摩擦作用而形成的，减小滚动阻力，可增加拖拉机的牵引力（图2-2）。

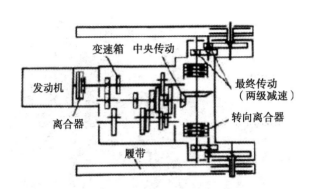

图 2－2　履带式拖拉机有级式传动系统图

二、拖拉机的基本组成

拖拉机虽是一种比较复杂的机器，其型式和大小也各不相同，但它们都是由发动机、底盘和电器设备三大部分组成的。

（一）发动机

它是拖拉机产生动力的装置，其作用是将燃料的热能转变为机械能向外输出动力。我国目前生产的农用拖拉机都采用柴油机。

（二）底盘

它是拖拉机传递动力的装置。其作用是将发动机的动力传递给驱动轮和工作装置使拖拉机行驶，并完成移动作业或固定作用。这个作用是通过传动系统、行走系统、转向系统、制动系统和工作装置的相互配合、协调工作来实现的，同时它们又构成了拖拉机的骨架和身躯。因此，我们把上述的四大系统和一大装置统称为底盘。也就是说，在拖拉机的整体中，除发动机和电器设备以外的所有其他系统和装置，统称为拖拉机底盘（图2－3）。

电气设备

发动机

底盘

图 2-3 拖拉机的基本组成

（三）电器设备

它是保证拖拉机用电的装置。其作用是解决照明、安全信号和发动机的启动。

第三节 拖拉机的正确使用

一、发动前的检查准备工作

（1）发动前应对拖拉机仔细检查各部位的技术状况。

（2）检查燃油箱的燃油，不足时应添加。

（3）检查发动机油底壳内机油，不够时应添加。

（4）检查变速箱内齿轮油，不够应添加。

（5）检查水箱存水有况，不足应加满。

（6）检查轮胎气压，不足应充气。

（7）检查各电气设备是否完好。

（8）检查是否带好必要的工具。

（9）检查液压油泵分离手柄是否处于分离位置；关键要检查主变速杆是否放在空挡位。

二、启动，采用电动机动（不说手摇启动）启动程序

（1）完成启动前的准备工作。

（2）将减压手柄放在减压位置（即不能拉拉杆）。

（3）将手油门放在中油门位置。

（4）变速杆放到空挡位置。

（5）将离合器踏板踩到底。

（6）用钥匙接通电路，将启动开关转到"启动"位置。

三、驾驶农用拖拉机的基本要领

（一）拖拉机的起步

（1）拖拉机正常启动后，观察周围情况，有无人员和障碍，关好车门，发出信号。

（2）分离离合器，将变速杆推入适当挡位，换挡要平稳准确，挂不上挡时不要硬挂，可接合一下离合器，分离后再行换挡。

（3）逐渐加大油门，同时，缓慢接合离合器，使拖拉机平稳起步。接合离合器的过程应先快后慢。待拖拉机起步后，即可完全放松离合器踏板。行驶中不要把脚踩在离合器踏板上，以免离合器摩擦片早期磨损。

（二）拖拉机的变速

拖拉机在行驶中，随着环境条件的变化，需要不断地改变行驶速度，能否及时、准确、迅速地换挡，对延长机车的使用寿命，保证平顺地行驶、节约燃油都有很大关系。

1. 挡位的选用

变换挡位实际上就是改变发动机的转速与传动轴的转速比，挡位愈低，速比愈大，扭矩和牵引力也愈大。反之，挡位愈高而获得的扭矩和牵引力就愈小。在行驶中，当运动阻力增大需要牵引力大的情况时（如上坡、重负荷等），应选用低速挡；但低速挡车速低，发动机转速高，温升较快，燃油消耗大，所以低速行驶时间应尽量短。中速挡是由低到高或由高到低时的过渡挡位，通常在转弯、过桥或通过有困难时选用。在路面条件较好、发动机有足够功率时应选用高速挡。高速挡行驶速度快，节约油料，但必须确保交通安全。

2. 低速挡换高速挡的操作

（1）加油，以提高车速（冲车），冲车要平稳，冲车时间视机车负荷而异，重负荷时冲车时间长一些，高速挡冲车距离要比低速挡长一些。

（2）抬油门，踏下离合器踏板，将变速杆放置空挡位置。

（3）接合离合器，再分离离合器并迅速将变速杆换入高一挡位。

（4）平稳加油，换挡完毕。

3. 高速挡换低速挡的操作

（1）减小油门，分离离合器，将变速杆置于空挡位置。

（2）接合离合器，加空油。

（3）迅速踏下离合器踏板，将变速杆换入低一级挡位，接合离合器，加油。此过程的关键是掌握好加空油的大小程度，这要根据车速来定，换同一挡位，车速快时，空油要多加，反之则少加。车速很慢时，也可不加空油。

4. 田间重负荷作业的换挡操作

（1）应停车换挡，即在分离离合器的同时减小油门。

（2）摘挡并随即换到需要的挡位。

（3）加油随即接合离合器。在耕地时为减小因换挡起步时的过负荷，可以采用：①停车后挂倒挡，使机组倒出约 0.5m；②再分离离合器换入所需挡位；③在接合离合器的同时加大油门，使机组平稳前进。

5. 换挡注意事项

（1）换挡时应精力集中，两眼注视前方，一手握方向盘；另一手握变速杆球头，轻轻推入所需挡位，不得左顾右盼或低头看变速杆，对变速杆不得强推硬拉，以免损坏啮合齿轮。

（2）变速应逐级进行，不得超越挡位。

（3）变换前进或倒退方向时，应在机车停稳后，方可换挡。

（三）拖拉机的转向

（1）履带拖拉机转向时，可扳动转向一侧的操纵杆转向。转急弯时，先将操纵杆拉到底，然后踩下该侧的制动器踏板，转向后先松回踏板，再松回操纵杆。

（2）轮式拖拉机转向时，应先减速再转向。转缓弯时，应早转慢打，少打少回；转急弯时要晚打快打，多打多回；转小弯时，可在低速下，利用单边制动协助进行。

（3）转弯时，由于内侧前后轮的轨迹不重合，后轮轨迹偏向内侧。因此，转弯时不要太靠近内侧，应根据弯度大小和路边障碍的距离，适当转动方向盘，使内侧后轮能顺利通过，防止后轮越出路面碰上障碍。

（四）倒车

拖拉机行驶中，多数情况需要倒车。倒车时思想要集中，采用低挡小油门，并随时做好停车准备。

（五）拖拉机的制动

拖拉机制动时应先减速而后依次踩下离合器踏板和制动踏板。拖拉机的制动方法有两种；一种是发动机制动；另一种是用制动器制动。发动机制动是利用发动机的牵阻作用进行制动，即当车速较高时，迅速地减小油门，利用气缸的压缩力对驱动轮制动，以达到降低车速的目的。

拖拉机制动按其性质分为预见性制动和紧急制动两种：预见性制动是根据地形、环境等提前做出判断，有准备地减速和停车，其方法是减小"油门"，用发动机制动减低车速。必要时，同时，用制动器间歇制动，待车速降低到一定程度后，再分离离合器，用制动器制动停车。紧急制动是遇到特殊情况时使用的。这时应迅速踩下制动踏板，随即分离离合器，达到在较短距离内停车。紧急制动时，切忌先踩下离合器踏板。

（六）拖拉机的停车

停车时要选择合适地点，确保交通安全。停车时，要先减小油门，降低拖拉机行驶速度，再踏下离合器踏板，将变速杆放置空挡位置，也可轻踏制动器踏板以协助停车。车停稳后，应使发动机怠速运转，当发动机温度降到 60℃ 以下再行熄火。若拖拉机负荷较轻，工作时间较短，发动机温度不高，则停车后即可熄火。

四、发动机启动后的注意事项

启动后立即调节油门，使发动机低速运转 1 ~ 2 分钟，观察发动机的运转情况和各仪表的读数是否正常，正常后，当水温达到 50℃ 以上，油压表达到 294 ~ 490kPa，拖拉机方可起步。

此外，学会驾驶农用拖拉机后，通过一定时间操作锻炼达到了比较熟练程度后，驾驶农用拖拉机通过公路、城镇、农庄、街道或沟路时，做到"一看、二慢、三通过"，确保人身和财产的安全。

第四节　拖拉机的常见故障与排除

一、故障产生原因

1. 日常保养不善

农用拖拉机在长期使用过程中没有按照使用说明书规定按时保养，没有严格做好油、气、水的净化工作，致使零件早期磨损。磨损后又未及时检查处理，使机器带病作业。

2. 使用调整不当

主要是由于消耗物质供应的减少和工作条件的急剧变化以及使用操作、保养和调整不当造成的故障。

3. 机件磨损老化

腐蚀、疲劳、损伤、老化等引起的零件损坏和变形，由此产生部件与部件的调整关系破坏，导致故障。

4. 修理装配违反规定

没有按照规范操作要求修理机身，装配零件，如换用的零件质量低劣，零件配备尺寸违反规定要求等。

5. 制造设计缺陷

在设计和制造上，由于客观条件的限制或技术的差错，使某种机型或零件存在薄弱环节，这样在使用中就容易引起磨损引发故障。由这类故障属先天性故障，使用者无法消除，只能在新车试运转期间经过仔细检查、及早发现。

二、故障诊断方法

1. 经验法

就是利用我们眼睛看、耳朵听、手触摸、再加上鼻子嗅所获得的感觉，凭借实践经验来判断机车的技术状态是否正常。

2. 比较法

对已经出现的故障，通过分析、判断，估计可能是由于某一零件或部件不正常所引起，这时可以用技术状态正常的零、部件替换上去或将机车上相同的零部件相互对换，通过比较换件前后故障现象的变化情况，来判断原零件或部件是否已经损坏。

3. 试探法

这种方法是指当拖拉机的某一部位出现故障时，通过试探改变故障部位的工作条件或技术状态，来观察故障现象的变化情况，找出故障产生的具体部位和原因。

4. 隔除法

初步判断故障的部位，然后部分的隔除或隔断某系统、某部件的工作，通过观察形态变化确定故障范围。

5. 仪表法

使用专用的仪器、仪表，在不拆卸或少拆卸的情况下比较准确地了解拖拉机内部的好坏。

6. 逐步排除法

主要是针对出现的某一故障，先分析出可能引起该故障的所有原因，再由表及里、由简到繁地层层分析论断。

三、故障表现形态

1. 工况异常

拖拉机常见的工况突变有：发动机突然熄火后再启动困难，或无法启动；发动机在行驶中牵引力突然减小，行驶无力；离合器打滑；发电机不发电等。一旦遇到拖拉机工况突变，应立即停车，判明故障并消除后，才可继续作业。

2. 仪表异常

拖拉机上各种仪表指示的信号，可以帮助农机手及时发现拖拉机出现的新故障。如果其指示读数异常，应立即停车检查排除。

3. 声音异常

拖拉机在行驶过程中出现的非正常声响，可能帮助机手判断拖拉机故障原因及部位。

4. 烟色异常

拖拉机正常工作时，发动机排气烟色应该是无色中伴有淡淡的灰色。如果冒出黑烟、蓝烟及白烟，则说明拖拉机的柴油机有故障。

5. 渗漏故障

如果发现拖拉机有漏水、漏燃油、漏润滑油、漏电等渗漏现象，说明该拖拉机某些部件的密封性能变坏，将要出现故障。

6. 温度异常

通常拖拉机柴油机过热，是冷却系统有故障。如果变速器、后桥壳过热，若不及时排除，将会引起齿轮及轴承等损坏。

7. 消耗异常

拖拉机的燃油、机油和冷却水的消耗量，均有一定的标准范围，如果出现消耗量明显增加，表明拖拉机已产生故障。

8. 气味异常

驾驶拖拉机时，如果用鼻子嗅到不正常的气味，表明拖拉机已发生故障。

9. 外观异常

将拖拉机停放在平坦的地面上，观察外形，如有横向或纵向歪斜等现象，即为外观异常。原因多是轮胎、车架、车身、悬架等部位出现故障。

10. 间隙异常

拖拉机各部位的间隙都有其标准值，如果间隙过大或过小，应及时进行调整。

四、常见故障排除方法

1. 发动机温度过高

发动机冷却泵水垢多会导致发动机温度过高，加速零件磨损，降低功率，烧耗润滑泵的机油。发生此故障时，挑选两个大丝瓜，除去皮和籽，清洗净后放入水箱内，定期更换便可除水垢。水箱水不宜经常换，换勤了会增加水垢的形成。

2. 拖拉机漏油

（1）回转轴漏油。可将启动机的变速杆轴和离合器手柄轴在车床上削出密封环槽，装上相应尺寸的密封肢圈。同时，检查减压轴胶圈是否老化失效，如有需要应更换新胶圈。

（2）开关漏油。若因球阀磨损或锈蚀时，应清除球阀与座孔之间的锈，并选择合适的钢球代用；若因密封填料及紧固螺纹损坏，应修复或更换紧固件和更换密封填料；若因锥接合面不严密，可用细气门砂和机油研磨。

（3）螺塞油堵漏油。螺塞油堵漏油部分包括锥形堵、平堵和工艺堵，若因为油堵螺丝损坏或不合格，应更换新件；若因螺孔螺丝损坏，可加大螺孔尺寸，配装新油堵；若因锥形堵磨损，可用丝锥攻丝后改为平堵，然后加垫装复使用。

（4）平面接缝漏油。如因接触面不平或接触面上有沟痕或毛刺，应根据接触面的不平程度，采用什锦锉、细砂纸或油石磨平，大件可用机床铁平。另外，装配的垫片要合格，同时，要清洁。

3. 转向沉重

造成拖拉机转向沉重的原因很多，因根据不同情况，逐一排除故障：一是齿轮油泵供油量不足，齿轮油泵内漏或转向油箱内滤网堵塞，此时应检查齿轮油泵是否正常，并清洗滤网；二是转向系统内有空气，转动方向盘，而油时动时不动，应排除系统中的空气，并检查吸油管路是否进气，有空气应及时排出；三是转向油箱的油量不足，达不到规定的油面高度，加油至规定的油面高度即可；四是安全阀弹簧弹力变弱，或钢球不密封，就清洗安全阀并调整安全阀弹簧压力；五是油液黏度太大，应使用规定的液压油；六是阀体内钢球单向阀失效，快转与慢转方向盘均沉重，并且转向无力，此时，应清洗、保养或更换零件。

4. 气制动阀失灵

拖拉机的气制动阀挺杆，大多是由塑料制成的，其外径、长度往往易受热胀冷缩的影响而改变，导致气制动阀失灵。当挺杆外径变大时，会在气制动阀壳体内产生卡滞故障，使阀体合件打不开、不进气、不放气，或在开启位置不回位，不充气、无气压；当挺杆长度变短时，使阀体合件打不开、不进气、不放气。其排除方法是：当挺杆外径变大、长度变长时，可用细砂纸轻轻打磨后装复拉动试验，直至符合要求为止。

5. 离合器打滑

排除离合器打滑故障的顺序和方法如下：首先检查踏板自由行程，如不符合标准值，应予以调整。若自由行程正常，应拆下离合器底盖，检查离合器盖与飞轮接合螺栓是否松动，如有松动，应予扭紧。其次，察看离合器摩擦片的边缘是否有油污甩出，如有油污应拆下用汽油或碱水清洗并烘干，然后找出油污来源并排除之。如发现磨擦片严重磨损、铆钉外露、老化变硬、烧损以及被油污浸透等到，应更换新片，更换的新摩擦片不得有裂纹或破损，铆钉的深度应符合规。再次，检查离合器总泵回油孔，如回油孔堵塞应予以疏通。经过上述检查调整，仍未能排除故障，则分解离合器，检查压盘弹簧的弹力。压盘弹簧良好，应长短一致，如参差不齐，应更换新品，如弹力稍有减少，长度差别不大，可在弹簧下面加减垫片调整。

6. 变速后自由跳挡

拖拉机运行中，变速后出现自由跳挡现象，主要是拨叉轴槽磨损、拨叉弹簧变弱、连杆接头部分间隙过大所致。此时，应采用修复定位槽、更换拨叉弹簧、缩小连杆接头间隙，挂挡到位后便可确保正常变速。

7. 前轮飞脱

前轮飞脱原因包括：前轮坚固螺母松脱；前轮轴承间隙过大，受冲击损坏，"咬伤"前轴；前轴与轴承干磨或长期润滑不良，导致损坏。排除方法为：更换前轮轴承，上好坚固螺母，并用开口销锁牢。装配后认真检查调整前轮轴承间隙，同时，定期向前轮轴承等各处加注润滑油，使轴承润滑良好，延长轴承使用寿命。

8. 后轮震动

拖拉机行驶中驱动轮发出无节奏的"咣当咣当"的响声，且后轮伴有不断的偏摆现象，尤其在高低不平的路面上行驶时，表现得尤为频繁剧烈。若拖拉机在行驶中出现上述情形，应立即停车检查车轮固定螺母并用手扳动驱动轮试验，一般可以断定故障所在。如此情况发生在新车或修理更换轮胎不久的拖拉机上，多是由于车轮固定螺母扭力不均或紧固不当造成。另外，驱动轮轮轴与幅板紧固螺栓松动，驱动轮轴轴承间隙过大，也会引发此故障。应逐一进行检查，如系螺栓、螺母松动，应分别按要求紧固之；若是轴承间隙过大，应予以调整。

第五节　拖拉机的保养维护

拖拉机在使用过程中，零件或配合件由于松动、磨损、变形、疲劳、腐蚀等因素作用，工作能力会逐渐降低或丧失，使整机的技术状态失常。另外，燃油、润滑油及冷却水、液压油等工作介质也会逐渐消耗，使拖拉机正常工作条件遭到破坏，加剧整机技术状态的恶化。为了使拖拉机经常处于完好技术状态和延长使用寿命，必须对拖拉机进行正确操作、维护与调整。下面就拖拉机主要零部件的维护与保养做简要说明。

一、空气滤清器的保养

经常检查空气滤清器管各管路连接处的密封是否良好，螺母螺栓，夹紧圈等如有松动，要及时紧固；各零件如有破损要及时修复或更换。一般要求每工作 100 小时应保养一次空气滤清器，干式滤清器纸滤芯保养时，要用软毛刷清扫。然后用压缩空气从滤芯内向外吹滤网，贮油盘，中心管等零件。滤网先吹雨干，喷上少许机油后再装配。贮油盘内应换用经过滤的机油。加机油时，应按油面标记加注，不能使油面过高或过低，安装时应保证密封胶圈密封良好。

二、气门的保养

拖拉机在运行 800 小时后应检查调整气门间隙，并清除积碳。运行 1 200小时后检查气门和座的密封情况，必要时进行研磨或更换新件。

三、柴油滤清器的保养

滤清器内的杂质随使用时间的延长会不断增多，过滤能力下降；其他零件如垫圈的老化，损坏等会造成"短路"，即柴油不经过滤直接进入油泵。因此，要进行保养，应注意以下几点。

（1）滤芯断面与中心要密封良好。

（2）保养纸质滤芯时，可先在柴油中浸泡一段时间，再用软质刷子刷洗。也可用气筒向滤芯内打气，自内向外吹去污物。

（3）滤清器经拆装后，要放尽其间的空气。

四、喷油器的保养

一般拖拉机运行 800 小时后应检调喷油器的喷油压力和喷油质量。

五、润滑系统的保养

及时添加润滑油，柴油机启动前或连续工作 10 小时以上。应检查油底壳油面高度。

定期清洗润滑油过滤器，更换滤芯。

定期更换油底壳润滑油，结合实际情况和油的质量，适当提前或延后。

清洗油路。柴油机工作 500 小时应清洗油路。

润滑油路压力调整。柴油机工作时，若发现润滑油路压力低于正常压力，则应查明原因。使用中如因调压簧变软，偏磨或折断使机油压力降低，则需调整弹簧预紧力或更换弹簧以恢复正常压力。

六、离合器的保养

经常检查踏板自由行程和三个分离杠杆的分离间隙。

分离杠杆或分离叉磨损严重时应更换新件。

定期检查轴承的润滑情况，必要时注入黄油。拖拉机工作 500 小时应拆下分离轴承清洗，清洗后放入盛有黄油的容器中加热。使黄油渗入，待凝固后取出装上。加热时温度不能太高。

七、液压系统的保养

定期检查液压油面的高度，不足应添加或更换液压油，一定要保持清洁。

清洗液压系统内部零件时，为防止油道堵塞或密封处造成泄漏，禁止用棉丝擦洗。

橡胶密封圈不要用汽油泡洗，以免老化变质。装配密封圈时应涂少许机油或肥皂水，以防止剪切，撕裂。

油泵、分配器、油缸等是精密部件，一般不随意拆下。

八、液压转向系油箱的检查与维护

油箱设置于机罩后体下的右侧，打开油箱盖观察油尺上是否有油痕，如无油痕，说明转向油箱内油量不足，应检查找出漏油的原因，然后拆下油箱补充加油至油尺的中间刻线，再装回原位。检查时系统查验液压转向油缸，油管及接头各处均不漏油，否则易造成转向不灵，油箱内滤网应定期清洗或更换。

在检查油面时，应同时检查油箱盖上面中心位置的通气阀起落是否灵活，如有油污影响起落应清洗干净。

九、电气系统保养

检查各导线的连接情况，必须紧固可靠，不得被柴油和机油玷污，并防止与柴油机灼热部分接触，检查导线的绝缘性能是否良好。

十、蓄电池的维护与保养

（1）免维护蓄电池平时不需特殊维护。观察液体比重计观察孔显示：绿色表示电量充足；灰色表示电量不足；黑色表示基本污点。

（2）蓄电池观察孔出现灰色时需进行补充充电；出现黑色显示则应更换蓄电池。

（3）蓄电池应贮存在清洁、干燥、通风的地方，温度在0～40℃，搬运时应轻放，防止碰撞，切勿倒置。

（4）蓄电池端子与电源线接头应连接牢固，以防启动时熔化端子。为防止端子氧化腐蚀，应在接线端子处涂抹凡士林。

（5）保持蓄电池外部端子清洁。

（6）定期检查发电机输出电压是否符合标准，电压为（14、2＋0、2）伏。

（7）充电时，保证室内空气畅通，远离明火，不可将电解液溅到人体或衣物上，以免造成意外伤害危险。

（8）普通蓄电池电解液不足时应及时加注。

（9）充电过程中电解液温度不得高于45°，应将充电电流减半或停止充电以达到降温目的，但须相应延长充电时间。

（10）充电结束时应先断开电源，方可使电源与极柱断开，以防止擦火引起火灾或爆炸。

十一、发动机冷却系统的保养

发动机用冷却液可以是煮沸的自来水，也可以是防冻液。启动前首先检查散热器中冷却水是否加满，有无漏水。

定期清除冷却系统中的水垢，以保证换热表面的散热作用。

经常检查散热器芯体部位有无杂草，灰尘，油污等堵塞。

按时检查节温器性能是否良好，否则，会影响冷却水的循环而降低冷却效果。

第三章 机械化免耕播种与节水精播技术及其机具的使用维修与保养

第一节 机械化免耕播种技术概述

一、机械化免耕播种技术概念

机械化免耕播种是指以机械化作业为主要手段,采取少耕或免耕的方法,利用农作物秸秆覆盖地表或将其机械粉碎后直接翻入土壤,并用农药等手段来控制杂草和防治病虫害,以提高土壤蓄水保墒能力,减少水土流失,改善农作物生长环境,实现农业可持续健康发展的机械化耕作技术。此项技术具有实用性强、简便、节能、高效、低耗、争取农时等优点。

二、机械化免耕播种技术的优点

(1)少免耕直播省去了耕地作业,节省了作业费,播种期比常规平播提前 1~2 天,增加了积温,且播种深浅比较一致,苗床紧实,出苗快而整齐。若遇阴雨天,免耕更会体现争时的增产效应。

(2)免耕地块蓄水保墒能力强。由于地表有秸秆覆盖,土壤的水、肥、气、热可协调供给,干旱时土壤不易裂缝,雨后不易积水。与翻耕比农作物生长快,苗情好。另外,肥料不易流失,产量也相应提高。

（3）玉米抗倒伏性好。免耕玉米表层根量多，主根发达，加之原有土壤结构未受到破坏，玉米根系与土壤固结能力强，所以，玉米抗倒伏能力强。

（4）农作物秸秆还田增加了土壤有机质含量，提高了土壤肥力，改善了土壤结构。

（5）具有明显的节本增效作用，免耕地块比翻耕地块增产玉米、小麦10%左右，减少耕地作业，农作物生长期间减少1次浇水，节水节油，值得注意的是实行免耕覆盖播种的当年，还田的秸秆还没有充分腐熟，增产效应可能不太明显，但随着连续几年的免耕播种技术的推广和应用，增产优势会越来越大。

（6）保护生态环境。通过机械免耕播种技术的应用，有效地控制了地表径流和水土流失，减轻了土壤板结，培肥了地力，避免了秸秆焚烧造成的环境污染，减少了大风扬沙天气的出现，生态环境得到有效保护。

（7）有利于经济发展。机械免耕播种技术的推广应用，降低了劳动成本、劳动强度，使更多的劳动力从土地上解放出来，重新投入其他生产领域，促进了农村经济的健康发展。

第二节　机械化免耕播种技术内容及实施要点

一、机械免耕播种技术的主要内容

（一）免耕播种

小麦收割时，联合收割机上安装小麦切抛机，将麦秸粉碎成3~5cm的小段均匀抛撒于地表，用免耕播种机贴茬将种子和肥料分层施入土中。玉米应亩施种肥磷酸二铵20kg（必须施用颗粒状的高浓度复合肥料），然后喷洒除草剂。玉米成熟摘穗后，秸秆直立于大田或粉碎还田，墒情适宜后，用小麦专用免耕播种机，浅旋耕、施肥、播种、镇压一次性完成。小麦种子播在旋耕的土壤中，这样避免了种子与碎玉米秸秆直接接触，不会影响小麦的发芽、出苗。免耕播种小麦时，亩施种肥磷酸二铵20kg。

（二）苗期管理

夏玉米覆盖麦秸后，对出苗影响不太大，但覆盖厚的地方，要经常查看出苗情况。长到3叶1心时定苗。株高30cm时，追肥、浇水一次性完成。而冬小麦苗期越冬前，浇1次水即可。

（三）中耕

无论是小麦地锄草，还是夏玉米地中耕，都可使用相应的免耕播种机进行操作。方法是将播种机上的楼脚卸掉，在合适的位置换上耘锄，即可下地中耕作业。

（四）深松采用深松机进行深松

打破犁底层，达到以松代翻的目的经专家论证和实践证明：每2～3年深松1次较为适宜。

（五）病虫杂草的防治

病虫杂草防治是旱作农业机械免耕播种技术成败的关键。对病虫草害要及时发现，及时处理。夏玉米地覆盖麦秸和冬小麦地玉米秸秆直接还田后，对蛴螬、蝼蛄等地下害虫及地老虎、蟋蟀等害虫都有一定的诱集作用，可用1 500～2 000倍的乐斯本药液喷洒覆盖物或地表。

（六）农艺模式

夏玉米联合收获→机械粉碎秸秆→小麦免耕覆盖播种、施肥→冬小麦田间管理（喷除草剂、追肥、浇水等）→小麦联合收获→夏玉米免耕覆盖播种、施肥→玉米田间管理（喷施除草剂、定苗、追肥、浇水、中耕等）。

二、机械化免耕播种实施要点

（一）玉米免耕播种作业

（1）播种量：夏玉米一般亩播种量 1.5～2.5kg（亩保苗 4 500～5 500株）。

（2）播种深度：玉米的适宜播种深度在 2.5～4.5cm，沙土和干旱地区播种深度应适当增加 1～2cm。

（3）种肥分施。施肥深度一般为 8～10cm。

（4）行距要求：播行要直，行距一致。

（二）小麦免耕播种作业

（1）播种量：冬小麦一般亩播种量 8～15kg。

（2）播种深度：播种深度一般在 3～5cm，要求播深一致，落籽均匀，覆盖严密。

（3）出苗率>80%。

（4）选择优良品种，并对种子进行精选处理。要求种子的净度不低于98%，纯度不低于97%，发芽率达95%以上。

（5）播前应适时对所用种子进行药剂拌种或浸种处理。

第三节　免耕播种机的使用与调整

一、免耕播种机的正确使用

（一）安全操作规程及注意事项

（1）认真阅读使用说明书，严格按说明书进行调试，切勿乱拆乱装。熟练掌握播种机的构造及使用方法后才能作业。

（2）开始作业前，机手必须进行培训，取得驾驶证后，方能上岗作业。严格按规定的信号开车、停车，只有发出信号后，才能开动拖拉机。

（3）作业前要进行田间调查，排除障碍物后，方可进行作业，以免损坏机具。

（4）机具作业时，严禁人员攀登机具踏板或紧跟在机具正后方，避免人身伤害。

（5）拖拉机熄火后，方可进行检查、维修、调整、保养等工作。

（6）机具作业时，凡是有警示标志和有链条的地方，不可靠近或用手触摸，以免伤人。

（7）机具升降要平稳，避免快升快降，损坏机具或造成种肥开沟器堵塞。

在机具未提起时，严禁倒退或转弯。地头转弯和倒退时严禁作业。

（8）注油、加种子、化肥、清理杂物等必须在停车后进行。加种（肥）前应先检查种（肥）箱内有无杂物。加入的种子应清洁，以防堵塞缺苗。本机具仅能使用颗粒状化肥。

（9）根据地况选择合适的作业速度，最高作业速度4km/h。

（10）播种机播种或转移地块时，严禁站在拖拉机与播种机之间或坐在农具上。

（11）工作中应减少不必要的停车，以减少种子或化肥的堆积或断垄。

（12）驾驶员应有一定的田间驾驶经验，工作中应集中精力，发现异常情况，及时停车处理。

（13）严禁在播种机悬挂升起后，趴在播种机下面进行检查、调整及维修。

（14）试播：拖拉机与播种机挂好后，在种箱内装上定量的种子，将播量调到所需位置，试播一定距离。然后取出种子称重，确定播下种子的重量。该重量除以试播面积即是试播播量，再根据播量大小调整手柄，直到合适以后再进行大面积播种。

（15）作业时旋转刀转动正常后方能逐渐入土，禁止急降机具。

（16）大风、下雨、土壤相对含水率超过 70% 时，禁止作业。

（17）作业一定面积，刀具磨短时，应适当上移开沟器，保持开沟器开沟深度与刀具耕深一致，避免损坏开沟器立柱。

（18）禁止在田地耕种层有石块和树根的地块作业。

（二）免耕播种机的使用

（1）首先将播种机的牵引架与拖拉机连接，连接时，调整牵引架上的调节杆来控制牵引架的高度。免耕播种机与拖拉机接合以后，用插销固定。

（2）播种机与拖拉机挂接后，不得倾斜，工作时应使机架前后呈水平状态。将液压油管与拖拉机连接，拧开开关。

（3）启动拖拉机，然后调整开沟器上方的弹簧，通过调整弹簧的松紧度，使开沟器与地面接合。然后紧固弹簧上的螺丝，固定位置。

（4）行走之前，应该升起播种机机身，把机架支腿升起来。

（5）机具与具有力、位调节液压悬挂机构的拖拉机配套使用时，应采用位调节，并将其手柄置于提升位置，严禁使用力调节，以免损坏机具，位调节手柄向下移动，机具下降，反之上升。

（6）播种开始时，应边起步边缓慢降下播种机，以免泥土堵塞导种管和导肥管。开沟器入土后播种机不得后退，以免堵塞或损坏开沟器；作业时要跟人随时观察排种、排肥和其他传动部件是否正常，发现故障及时排除。播种机速度控制在 10km/h 左右。

（7）正式播种前，先在地头试播 10~20m，观察播种机的工作情况，达到农艺要求后再正式播种。播种机组在工作行程中要尽量避免停车，必须停车时为防止出现缺苗"断条"现象，应将播种机升起，后退一定距离，再继续播种。下降播种机时，要在拖拉机缓慢前进时降下。

二、免耕播种机的检查调整

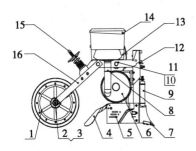

图　播种总成

1. 地轮　2. 地轮轴　3. 耐磨套　4. 覆土器　5. 开沟器　6. 排种器

7. 开沟尖　8. 输种管　9. 防缠滚　10. 轴承孔链轮　11. 连轴盘

12. 支架　13. 种子箱　14. 种箱盖　15. 限深机构　16. 拉杆

播种总成，见上图。

（一）免耕播种机的调整

免耕播种机在使用之前，要进行适当的调整，以适应所播种作物的要求。

1. 作业前准备

（1）紧固与注油。机具使用前应检查各紧固部位是否紧固牢固，各传动部位是否转动灵活。在万向节十字架、刀轴轴承座、镇压轮轴承座处加注黄油，在齿轮箱内加注齿轮油，加到距齿轮箱油位加油孔（23±1）cm 为止，在链传动和其他转动部位加注润滑油。

（2）机具挂接。挂接方式之一：将万向节抽开，将 8 - 32 × 38 × 6 和 8 - 42 × 48 × 8 两个内花键分别安装在拖拉机和播种机上，装好插销。拖拉机后悬挂与机具悬装置基本对准后，先挂接万向节，后安装下悬挂和上悬挂，并插好锁销。

挂接方式之二：拖拉机后悬挂与机具悬挂装置基本对准后，先安装下悬挂和上悬挂，然后将安装好的万向节 8－32×38×6 和 8－42×48×8 两个内花键分别安装在拖拉机和播种机上，并插好锁销。

在安装过程中，可用脚微蹬动刀具，使机具的齿轮轴转动。

（3）排种（肥）器使用。免耕播种机采用小麦玉米两用的半精量外槽轮式排种器，播种时抽出抽板。播种结束，将种子（化肥）清理干净，推入抽板。种肥箱前后设有清种、肥口。

（4）镇压轮的限位。在运输状态下，镇压轮两侧摇臂被扇形板上下两个限位销固定，作业时必须松开上限位销，放在扇形板上适当的孔位。机具出厂时，镇压轮限位在运输状态。

（5）播种时排种器的调整。粗调：松开调整手轮锁紧螺母，使齿圈退出啮合位置，转动排种量调节手轮，直到播量指示到达预定位置，调整完毕后，务必锁紧螺母。

精调：把镇压轮悬空，转动镇压轮，排种器全部有种子排出后，按正常行驶速度和方向，匀速转动镇压轮 21 圈，机具作业面积为 0.1 亩，接取各排种管排出的种子，称各排种管排出的种子重量和排种总重量，计算每行的平均行排种量和亩播量。

为满足农艺要求，应认真反复调试。在调整播量时，必须将排种（肥）槽轮内的种子（或化肥）清理到不影响槽轮移动为止。调整完毕，务必锁紧螺母。

（6）排肥器的调整。按照需要确定行数和行距后，按行距要求连接排肥管。避免排肥管相互交叉或弯曲。

免耕播种机具有完善的变速箱系统，使得排肥量调整简单、迅速。变速箱有两个滑移齿轮，每个齿轮有 5 个挡位，两个齿轮就有 25 种转速，再加上一对链轮更换位置，排肥轴就有 50 种转速，有 50 种排肥量。

调整方法：调整滑移齿轮前要先拔出排肥变速箱上的插环，抽出齿轮轴承，变速箱上有两个滑移齿轮拉杆，按照拉杆上的刻度对照说明书上的排肥量调整表，就可以得到所需要的排肥量。确定排肥量以后，再推回齿轮轴承，插上插环。

（7）机具左右水平的调整。升起机具，使旋转刀和开沟器离开地面，查看旋转刀的刀尖、开沟器、机具是否水平一致，不一致时，调整拖拉机后悬挂斜拉杆。

（8）旋转间隙的检查。为保证作业中的旋转刀与开沟器不发生碰撞，作业前应认真检查旋转刀与开沟器之间的旋转间隙≥1cm。

2. 作业中的使用与调整

（1）前进速度。前进速度的选择原则：拖拉机不超负荷运转，无秸秆地作业速度为 3～4km/h 左右；秸秆还田一遍地作业前进速度为 2～4km/h 左右。

（2）起步。启动拖拉机，旋转刀离地，结合动力输出，空运转 1min，挂上工作挡，慢慢松开离合器，同时，操作液压升降，随之加大油门，使机具逐渐入土，直至正常耕深。

（3）机具前后水平的调整。作业中机具前后应处于同一水平面，此时万向节与机具水平面的夹角在 ±10° 的范围内，否则应调整拖拉机的上拉杆。

（4）液压机构操作。

①机具与具有力调节、位调节液压悬挂机构的拖拉机配套时，悬挂机构的使用步骤及注意事项如下（以上海拖拉机为例）。

A. 作业时禁止使用力调节。

B. 工作时使用位调节，必须将力调节手柄置于"提升"

位置。

C. 机具下降，位调节手柄向下方移动，反之机具上升。

D. 当机具达到所需要的深度后，用定位手轮或限位挡块将位调节手柄挡住，以利于机具每次下降到同样的深度。

②机具与具有分置式悬挂机构的拖拉机配套时，悬挂机构的使用步骤及注意事项如下（以天津拖拉机为例）。

A. 工作时，分配器手柄置于"浮动"位置。

B. 机具入土深度合适时，定位卡箍挡块调到一定位置固定下来。

C. 提升或下降机具，手柄向提升或下降方向移动，达到要求位置应迅速回到"浮动"位置。

（5）播种施肥深度的调整。

①改变拖拉机后悬挂上拉杆的长度和两组镇压轮两侧摇臂上限位销的位置，可同步改变播种和施肥深度，同时，耕深也同步改变。

②改变种、肥开沟器的安装高度，可调整播种和施肥深度，但种肥深度相对位置不变。

（6）镇压器的调整。根据农艺要求，同时，改变镇压轮两侧摇臂上限位销的位置，实现镇压力的调整，上限位销越向下移，镇压力越大。

（7）地头转弯与倒车。在地头转弯与倒车时必须提升机具。

（二）免耕播种机的检查

免耕播种机在使用之前，还要进行一番检查。需要做的工作如下。

①检查施肥量、播种量。

②检查排种、排肥器转动是否自如，排肥、排种管道是否畅通完好。

③链条张紧度是否合适，用手推压时，下垂度不大于 15~20mm。

④开沟器行距是否正确。

⑤检查镇压轮转动是否灵活，镇压适中。

⑥装填肥料的时候，肥料要均匀撒在肥料箱内，避免肥料撒施不均匀。

⑦所要播种的种子子必须清洁、干燥，不得夹杂秸秆、石块，以防堵塞排种口，影响排种量。种子箱内的种子不得少于种子箱容积的 1/5。

⑧运输或转移地块时，种子箱内不得装有种子，更不能压装其他重物。

第四节　免耕播种机的故障排除和维护保养

一、免耕播种机的故障与处理

在工作中应该经常观察播种机各部件的工作是否正常，特别应注意排种器是否排种，输种管有没有堵塞，开沟器是否被湿土堵塞，覆土镇压器的工作是否正常；免耕播种机常见的故障有以下几种。

（1）漏播。免耕播种机在工作中，如果出现漏播的现象，就说明输种管被堵塞或脱落。也可能是输种管损坏向外漏种。发现这种现象时，就要停车检查，及时排除；把输种管放回原位或更换输种管。

（2）排肥方轴不转动。产生排肥方轴不转动原因是：肥料太湿或者肥料过多，颗粒过大造成堵塞，致使肥料不能畅通的施入土壤。排除方法是。清理螺旋排肥器。敲碎大块肥料。

（3）免耕播种机在运行中还有一个容易出现的问题，就是播深不一致。出现这种情况的原因是。作业组件的压缩弹簧压力不一致。排除方法是。升起播种机的开沟组件，调整播种行浅的那一组弹簧压力。保证和其他各组的弹簧压力一致。

（4）播种行距不一致。产生这种情况的原因是：作业组件限位板损坏或者是作业组件与机架的固定螺栓松动，致使作业组件晃动，导致播种行距不一致。出现这种情况时，要停止作业，检查并且紧固作业组件与机架固定的螺栓。

（5）播种量不均匀。免耕播种机出现播种量不均匀的原因是：排种器开口上的阻塞轮长度不一致。或者是播量调节器的固定螺栓松动，导致排种量时大时小。解决这种问题的方法是：重新调整排种器的开口；拧紧播量调节器上的固定螺栓。

免耕播种机常见故障及排除，见下表。

表　免耕播种机常见故障及排除

故障	原因	排除方法
齿轮箱有杂音	1. 异物落入箱内	取出异物
	2. 轴承损坏	更换
	3. 齿轮断齿	更换或修复
	4. 锥齿轮齿侧间隙大	调整
刀轴转动不灵活	1. 齿轮、轴承卡死	更换
	2. 刀轴变形	校直
	3. 刀轴缠草或秸秆	清除
	4. 锥齿轮齿侧间隙小	调整
刀具与开沟器碰撞	1. 开沟器移位	调整后重新紧固
	2. 刀具弯曲	校正
排种间断	1. 种箱内种子少	加种子
	2. 播种管下口变小	校正
不排种（肥）	1. 种（肥）箱内无种（肥）	加种（肥）
	2. 槽轮卡死	清除异物
	3. 播种（肥）管堵塞	疏通
	4. 掉链	对正链轮，重新挂

续表

故障	原因	排除方法
万向节损坏	1. 万向节装错	正确安装
	2. 少润滑油	加油
	3. 倾角过大	限制提升高度
	4. 猛降入土	缓慢入土
机具倾斜	1. 左右不水平	左右调整水平
	2. 下悬挂左右不水平	调整限位链

二、免耕播种机的维护保养

（1）作业结束后。应将种肥箱内的残余物清除干净，并擦拭机具清除泥垢、油污。播完一种作物，要认真清理种子箱，以免种子混杂而造成排种故障。肥料箱使用后也要及时清理，防止机子锈蚀；对需要润滑的部位应加注润滑油。

（2）每次作业完毕后。要及时清除圆盘、开沟器和镇压轮上的泥土，检查排种器、排肥器和各传动部件是否灵活，螺丝螺母有没有松动现象。

（3）润滑。对播种机运动部件进行润滑是必不可少的，它可使机具达到最大耐久性，也是最经济的维护。免耕播种机运行一段时间以后，要按照要求对各个运转部位注入润滑油。播种机每运行10小时以后，要对链条传动部位以及牵引架各运转部位注入润滑油。运转30小时以后，要对牵引架调节杆注入润滑油。运转60小时以后，要对传动部位注入润滑油。运转200小时以后，要对犁刀圆盘的运转部位注入润滑油。

（4）变速箱的维护。更换润滑油：变速箱润滑油的首次更换是在最初作业30小时后进行，之后每作业1 500小时进行更换。

首次更换润滑油时，要将底部排油孔的螺塞及顶部气孔的螺塞取下，将油全部排尽，之后将螺塞重新拧好，向箱体内注入润滑油。

第五节　机械化节水精播技术

一、机械化节水精播技术概念

机械化节水精播技术是旱地节水穴灌施肥植保铺膜及间隔填土压膜等联合作业技术，它按照农艺要求，利用节水精播机具进行播种，一次完成开沟、深施化肥、穴灌注水、播种、覆土镇压、覆膜等作业。适用于干旱、半干旱地区抗旱播种作业，播种作业前不需人工洇地造墒，具有节约水资源，确保适时播种，实现苗全、苗齐、苗壮，促进增产节支等特点，具有一定的先进性、成熟性和实用性。它适用于旱地机播棉花、花生、玉米、大豆、高粱、芝麻等多种作物。

二、机械化节水精播技术优点

节水精播是一种新型机械化种植技术，是干旱地区实现保春播、保生产、保全苗、保增收的重要技术，该技术可大大提高农业综合效益。

（1）节约水资源。机械化节水精播技术每亩用水量为0.6~1t，仅是人工浇地造墒播种用水量的1/60~1/50。同时，用水量还可以根据土壤墒情进行人工调整降低。

（2）省工省时。每台机具每天可播种30~40亩，而人工抗旱点播每人每天只能完成0.2亩，使用节水精播机比人工播种功效提高150~200倍，可大大缩短播种周期，实现抢墒播种。

（3）省种省肥。节水精播采用舀勺取种，精度高而且可调整，每勺2~3粒玉米种子，平均每亩用种2.5kg，与其他取种方式相比，具有取种精确、成穴性均匀性好、节约种子的特点，在同等情况下可节约种子 15% 左右。利用节水精播可实现化肥深施，播撒均匀，施肥量可调，与人工地表撒肥相比，化肥利用率可提高 20% 左右。

（4）节省燃油。节水精播技术可一次性完成运储水、开沟、穴灌水、化肥深施、播种、化学除草、铺膜等作业，减少了拖拉机重复作业程序，从而可节省大量燃油。

（5）节本增收。节水精播可使农作物充分利用光热资源，提高品质，土地保墒能力强，肥效发挥作用好，省工省时，提高劳动效率。经实验，每亩可节本增收 168 元左右，经济效益十分明显。

（6）节水精播技术还能产生较好的社会效益和环境效益。一是减少了地下水的开采，有效地保护了水资源；二是提高了化肥的利用率，减少了对大气、土壤和地下水的污染；三是减少了拖拉机等其他农机具的作业环节，降低了大气环境污染；四是改进了传统耕作方式，提高农民科学种田意识、节约能源意识和环境保护意识，有利于提高农业综合生产能力，促进农业可持续发展。

三、机械化节水精播技术要求

（1）土地耕翻深度一般在 20~25cm，要求深浅一致，无漏耕，覆盖严密。耕后进行耙压，保证地表平整沉实、无伐块，土层上虚下实。

（2）结合土地耕整，可同时施用底肥。

（3）花生种植密度在 8 000~12 000 穴/亩，膜上行距 30cm，膜间行距 50cm，穴距 14~21cm。玉米种植密度为 3 000~4 000 穴/亩，行距以 60cm 为宜，株距 28~38cm。棉花种植密度 4 000~4 500 穴/亩，膜上行距 40cm，膜间行距 50cm，穴距 40~50cm。

（4）春播作物的播种深度在 3~5cm，每穴播种 2 粒种子。

（5）种肥应施在种子下方或侧下方 5cm 处，一般选择磷酸钙、尿素、硫酸钾等，每亩按 1kg、5kg、2.4kg 施用。

（6）根据土壤墒情，一般每穴注水 150g 左右。

（7）播种前 5 日，地表以下 5cm 处日均地温大于或等于 12℃为适宜播种期，采用地膜覆盖时可适当提前 3~5 天。

四、播种机的调整与使用

目前，推广应用的节水精播机有 2BJSP－2（3）型及 2BYC－3型两种机型。2BJSP－2 型机具可进行施水、施肥、播种、覆膜 4 项作业；2BJSP－3 型与 2BYC-3 型机具可进行施水、施肥、播种 3 项作业。

1. 穴距调整

2BJSP-2（3）型节水播种机通过调整扇形行走盘调整穴距，2BYC－3 型节水精播机通过调整链轮实现穴距调整。

2. 排种量、施肥量、注水量与同穴性能调整

首先，将播种机水平架起（离地 20cm 以上），根据作物品种不同选择排种器的舀勺（或调整冲种器型孔的大小），把种子、化肥分别加入种、肥箱中，拔出排肥管，在每个播种开沟器和排肥管下放置一个接种盒和接肥盒。以正常作业速度匀速转动地轮 20 圈，接取种子、肥料；分别称取每个盒内种子、化肥的重量，换算成亩播种量、施肥量，核对播种量、施肥量是否符合要求。如不符合要求，应对排种器、排肥器进行调整后，再次进行测试，直至达到要求为止。然后向水箱中注水，在两个播种开沟器下分别放置接水容器，关闭排种器，打开输水阀门，匀速转动涤纶 20 圈，称取容器中水的重量，换算出每穴的注水量，检查是否符合要求。如果不符，通过调节阀门使注水量达到农艺要求。最后，检查排种与注水的同穴性能。打开排种器，转动地

轮，观察排出的种子与注入的水是否同时播在同一穴内。如果不符合要求，拆下注水机构链条，将注水四通阀旋转到全开的角度，同时，将排种器转到排种位置，再将链条安装完毕即可。

（三）行距、播深、覆膜调整

将播种开沟器和施肥开沟器（或复合开沟器）按农艺要求预调至规定的行距、播种深度；将起垄铲和覆土铲调至覆膜要求的深度。播种时，播种深度可以通过调节限深手轮来实现。

（四）其他调整

如果进行喷药（除草剂、除菌剂、杀虫剂等）作业，要对喷药部件进行调整，使用时将拖拉机气泵接头与药箱接头连接，调好喷头角度与喷幅即可。

（五）试播

在待播地中进行 20～30cm 试播，先检查覆膜性能，再拨开地膜和表土检查播种、施肥深度和注水情况。如不符合要求，再次进行调整，直到符合要求为止。

第四章 玉米联合收获技术及机具的使用维修保养

第一节 玉米联合收获技术概述

随着我国农业机械化事业的高速发展，广大农业生产者对玉米收获机械化水平和作业质量提高的呼声日益高涨，玉米收获机械化技术已进入飞速发展阶段，玉米收获机的技术、质量成为制约玉米机械化收获发展的瓶颈。玉米收获是玉米种植中最繁重的体力劳动，约占整个玉米种植投入劳动量的55%，在玉米生产全过程机械化中占据举足轻重的地位。据测算，人工收获玉米成本高，每公顷摘穗、剥叶、装车等合计费用约需2 250元。而以玉米收获机代替人工，不仅把农民从繁重的体力劳动中解放出来，而且为农民节省了费用；包括机具折旧费、机手工资、燃料费用、修理费用全部在内，每公顷花费不超过1 500元。机械收获玉米是减轻农民"三秋"劳动强度，为农民增效、增收的有效途径。因此，在我国小麦、水稻基本实现机械化收获之时，玉米收获机械化自然成为我国农业机械化发展的一个关注点。有鉴于此，玉米收获机械化被定为"十二五"期间我国重点推广的十大农业机械化新技术之一，在中央和地方都引起了高度的重视，加大了科研和推广的支持力度。

一、玉米收获机械化的意义

1. 解决粮食自给、保证粮食安全是加快玉米收获机械化发展的动力源泉

我国粮食安全问题将贯穿国民经济发展的各个时期，当前，党中央、国务院对解决粮食安全问题愈加重视。从长远看，我国解决粮食安全问题不仅仅是口粮问题，饲料粮问题也很重要，而玉米就是优质的饲料粮。因为随着人民生活水平的提高、饮食结构的变化，必将促进农业产业结构的进一步调整，加快畜牧业的发展，从而需要更多的优质玉米。玉米种植面积不断扩大是玉米收获机械化发展的客观需要。

2. 发展玉米收获机械化经济效益、社会效益和生态效益显著

玉米收获机械不仅可以摘取果穗（收获籽粒），还可以将玉米秸秆粉碎还田（秸秆回收），从而减少了秸秆焚烧造成环境污染，起到增加土壤有机质含量、培肥地力的作用，促进畜牧业和农业可持续发展。随着玉米收获机械化水平的提高，可以解决主要农作物生产过程中难点问题，对提高农业机械化整体水平有着重要的作用。这一问题的解决，将引导土地合理流转，有利于农业规模经营的形成和发展以及劳动力向第三产业转移，促进农业增效、农民增收、农村环境改观和经济繁荣。另外，还可以利用我国玉米种植范围广的有利条件，组织农民机手进行跨区作业，提高机械作业收入，形成更为广阔的玉米机收市场。

3. 玉米收获机械化是农业稳定发展的需要

我国两茬平作地区，收玉米、种冬小麦农时要求非常紧，农忙时常常出现劳动力短缺的现象。其他一年一熟地区虽然玉米收获期弹性较大，但由于人工收获玉米劳动强度大，也将影响农民种粮积极性。根据国家建设小康社会总体目标，需要将农村劳动力向城镇转移，脱离土地进入二三产业，这必将加剧农村劳动力短缺。解决上述问题，只有靠提高农业机械化水平。

二、玉米收获机械的发展

世界上经济发达国家的玉米收获早已实现了机械化，从 20 世纪 60 年代开始，我国研制和生产玉米收获机械及摘穗机构至今出现了 3 次高潮。第一次是从 60 年代初期开始，到文革开始时被迫中断，期间主要进行了玉米收获机械技术的引进、吸收和理论研究工作。没有完成定型生产；第二次是从 70 年代中期开始，历时 10 余年，经历从引进、使用、仿制、改进国外机具到自行研制开发生产两个阶段，试制成功玉米收获机械 20 余种。其中，中国农机院与赵光机械厂研制的 4YW-2 型牵引式卧辊玉米收获机是典型代表，该机是我国自行研制开发的首台玉米收获机，填补了国内的空白；第三次从 90 年代开始，延续至今热度不减，研制生产单位多达百余家，已生产机具数千台，呈快速发展态势。

经过近 10 年的研制和试验示范，部分收获机基本可满足要求。但是我国幅员辽阔，玉米种植范围广，农艺差别大，行距不统一（最小行距 40cm 左右，最大行距 80cm 左右），垄作、平作、宽窄行种植等造成多行玉米收获机的对行问题最突出，一台收获机很难适应不同区域的作业要求。总体来说，制造工艺水平差、可靠性都不太好，无故障连续作业到 16 小时，目前，适用满意的产品较少。自 2000 年开始，已有国内多家农机企业与国外合作开发生产玉米联合收获机，随着国外先进技术的引进，国内技术水平的提高，农机技术的开发领域和农村经济的逐步发展，未来十年机械化的发展将进入一个新的高潮。

第二节　玉米收获机械化技术

玉米收获机械化技术是在玉米成熟后，根据其种植方式、农艺要求，用机械来完成对玉米摘穗、剥皮（或脱粒）、秸秆处理生产环节的作业技术。在我国大部分地区，玉米收获时的籽粒含水率一般在25%～35%，甚至更高，收获时不直接脱粒，所以，一般采取分段收获的方法。第一阶段收获是指将整株玉米摘穗、剥皮、果穗收集和秸秆处理；第二阶段是指将玉米果穗在地里或场上晾晒风干后脱粒。玉米机械化收获大致可分为以下几种形式。

一、联合收获

用玉米联合收获机，一次完成摘穗、剥皮、集穗（或摘穗、剥皮、脱粒，但此时籽粒湿度应为23%以下），同时，进行茎秆处理（切段青贮或粉碎还田）等项作业，然后将不带苞叶的果穗运到场上，经晾晒后进行脱粒。

其工艺流程为：摘穗—剥皮—秸秆处理3个连续的环节。

二、半机械化收获

（1）用割晒机将玉米割倒、放铺，经几天晾晒后，籽粒湿度降到20%～22%，用机械或人工摘穗、剥皮，然后运至场上经晾晒后脱粒；秸秆处理（切段青贮或粉碎还田）。

（2）用摘穗机在玉米生长状态下进行摘穗（称为站秆摘穗），然后将果穗运到场上，用剥皮机进行剥皮，经晾晒后脱粒；秸秆处理（切段青贮或粉碎还田）。

其工艺流程为：摘穗—剥皮—秸秆处理（3个环节分段进行）。

三、其他

（1）用谷物联合收获机换装玉米割台，一次完成摘穗、剥皮、（脱粒、分离和清选）等项作业。

（2）用割晒机将玉米割倒，并放成人字形条铺，装有拾禾器的谷物联合收获机拾禾脱粒，同时，可秸秆还田。

第三节　玉米收获机械分类

我国目前开发研制的玉米收获机大体可分为四类型：背负式机型、自走式机型、玉米割台和牵引式机型。

一、背负式玉米联合收获机

这类机型是与拖拉机配套使用，可提高拖拉机的利用率、机具价格较低。现已开发和生产了双行、3 行和 4 行三类产品，分别与小四轮及大中型拖拉机配套使用，与拖拉机的安装位置多为正置式，正置式的背负式玉米收割机不需要人工开割通道。可一次完成多行玉米的摘穗、果穗集箱、秸秆粉碎处理作业，部分机具还具有剥皮功能。该机与 22 ~ 90kW 的大中型轮式拖拉机配套，大部分机型采用辊式摘穗机构，也有部分机型采用板式摘穗机构，目前，还有更为先进的组合式机构。机具市场售价 2 万 ~ 8 万元不等。

二、自走式玉米联合收获机

该类产品类型较多，1 ~ 6 行都有，其中，两行、3 行、4 行产品应用较多。其摘穗机构有已定型的结构即摘穗板—拉茎辊—拨禾链组合机构，秸秆粉碎装置有青贮型和还田型两种。底盘多为国内已定型的小麦联合收割机底盘基础上的改进型，所配动力一般采用两端输出。操纵部分采用液压控制。

该类机具大多采用板式摘穗机构，具有籽粒损失小、剥皮效果好、动力匹配合理、机动灵活等优点，适应性和可靠性比其他机型强。该机可一次完成多行玉米的摘穗、剥皮、果穗集箱、秸秆粉碎处理作业。主要代表机型有：河北冀新农机有限公司冀新牌 4YH-2 型、山东金亿机械制造有限公司春雨牌 4YZP-2 型、山东国丰机械有限公司国丰牌 4YZP-3 型、石家庄天人农机装备技术有限公司天人牌 TR9988-4530 型等。

三、玉米割台

国产玉米割台（不同于国外可实现直接脱粒收获的玉米割台）是与谷物联合收获机配套的专用割台，但无脱粒功能。换上玉米割台，可完成玉米摘穗、集穗等收获作业。采用玉米割台，投资少，机械利用率高。当前全国有 10 多家企业开发生产玉米割台。

四、牵引式玉米联合收获机

该机型是我国自行设计生产的最早的一种机型，结构简单。使用可靠、价格较低，为 2 行的拖拉机偏置牵引式，可完成摘穗、剥皮、秸秆粉碎作业。但机组长达 16m，转弯行走不便，需要开割道，不适宜当前农村一般地块的使用。

第四节 玉米收获机的构造和调整

自走式玉米联合收获机主要由①割台②输送器③剥皮机④籽粒回收装置⑤秸秆切碎机⑥果穗箱总成⑦动力总成⑧前桥总成⑨后桥总成⑩机架⑪电气系统⑫液压系统⑬驾驶室总成⑭排杂风机组成。

割台结构与调整

割台主要由割台机架、分禾器、摘穗装置、割台齿轮箱、输送搅龙以及防护罩组成（图 4 - 1）。

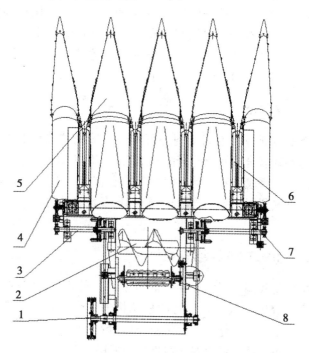

图 4 - 1　割台结构示意图

1. 过桥轴装配　2. 搅龙　3. 割台传动轴　4. 边罩　5. 中间罩装配　6. 拉茎辊　7. 摘穗箱体　8. 强制喂入

割台用于摘取玉米植株的果穗，并将其输送到输送器。动力传递是通过发动机传给过桥轴→割台过桥轴，再由割台过桥轴分别传至割台齿轮箱、搅龙和强制喂入轮轴。

进入割台下方维修、保养或长距离行驶时，要用安全锁紧装置锁定提升液压缸。

（一）分禾器

分禾器安装在割台的前端，主要功能是扶持、分送玉米植株使其顺利进入拉茎槽。还具有扶起倒伏玉米，实现正常收获的作用。其次是防护作用，防止高速运转的拨禾链由于秸秆或果穗进入而卡滞，造成果穗断裂、籽粒脱落，同时，可以防止链条缠绕造成人身伤害等事故发生。分禾器的高低可以通过调整螺栓的长度来调整分禾器的高低。分禾器合适的高度对收获时割茬的高低以及收获倒伏玉米的效果至关重要。收获时分禾器前尖距地面的高度为 100～120mm，且高度一致，收获时遇到障碍物或地形变化，应随时升高割台。分禾器上下能自由活动，当收获遇到小的障碍物时能自动浮起，靠自重落下。

（二）摘穗装置

摘穗装置（图 4－2）是割台的主要工作部件之一，它的功能是把玉米果穗从茎秆上摘下，并通过拨禾链把玉米果穗送到输送搅龙。

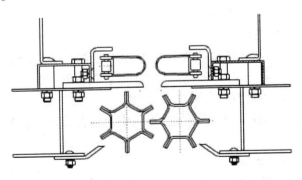

图 4－2　拉茎装置示意图

摘穗装置主要由摘穗架、齿轮箱、拉茎辊、摘穗板、清草刀、拨禾链等几部分组成。

通过两个拉茎辊的对转来拉下玉米茎秆，同时，由摘穗板摘下果穗。两摘穗板的间隙是可调的，松开紧固螺栓可通过摘穗板的长孔调整摘穗间隙。出厂时此间隙已调整好，如需要调整，可把摘穗板后部间隙调到比最小玉米穗直径小 3~6mm，前部比后部间隙宽度小 3mm。间隙过小，会使大量玉米叶、断茎秆混入玉米果穗进入输送器。如果间隙过大会损伤玉米果穗，造成损失。

清草刀的作用是防止杂草缠绕导入锥和拉茎辊上，可通过清草刀上的长条孔来调整与导入锥之间的间隙，合理的间隙是 1~1.5mm，间隙过小可能发生摩擦，过大会失去清草作用。

拨禾链松紧度是靠调节螺母调整压缩弹簧的长度来实现的，调整后应拧紧锁紧螺母，确保拨禾链的正常运转。拨禾链张紧度的调整，手拉拨禾链链条的中间部位，应有 50~70mm 的挠度。

（三）输送搅龙

为保证果穗输送的平稳可靠，搅龙叶片应与搅龙底板保证正常间隙 10~15mm，调整方法松开搅龙轴承安装板固定螺栓，调整到合适间隙后重新拧紧。

（四）过桥中间轴离合器的调整

1. 工作原理

过桥中间轴链轮 2 与摩擦片 4 通过花键连接，当链轮转动时摩擦片也跟着一起转动，被动盘和压盘在弹簧预紧力的作用下，与摩擦片产生足够的摩擦力，随摩擦片一起转动，被动盘通过花键将动力传输给过桥中间轴，过桥中间轴再带动摘穗机构转动（图 4-3）。

2. 离合器的作用

当摘穗机构发生堵塞时，工作阻力增大，并足以超过摩擦片的摩擦力，则发生摩擦片打滑，使摘穗机构停止工作，从而保护摘穗机构部件不被损坏。

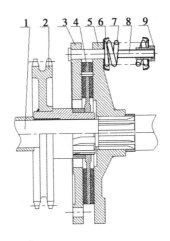

图 4 - 3 过桥中间轴离合器示意图

1. 过桥轴 2. 链轮 3. 压盘 4. 摩擦片总成 5. 被动盘
6. 压簧盖 7. 压簧 8. 压簧螺栓 9. 螺母

3. 离合器的调整

（1）当压簧的弹力减小时，可能会出现摩擦片打滑现象，此时，机构工作会产生影响，应拧紧压簧螺母增大弹簧压力或更换压簧。

（2）压簧的压力过大时，摩擦片的摩擦力过大。如果摘穗机构经常堵塞，而摩擦片不发生打滑，则说明压簧压力过大，不能起到过载保护的作用，应适当拧松压簧螺母调低压簧压力。

4. 离合器的调整原则

离合器摩擦力的调整必须保证收获机在正常运行状态下正常工作，即在正常工作中不出现频繁打滑。一般打滑时间不超过工作时间的 1/80。如果按每天工作 10 小时计算，则 8 天内打滑时间不能超过 1 小时。否则，就需要调紧压力，或更换压簧或更换摩擦片。一般情况下，摩擦片的滑动力矩调整为 400 ~ 450N/m；或将压簧长度调整为 48 ~ 50mm，并保证压簧长度误差不超过 1mm。

（五）割台安全卡使用

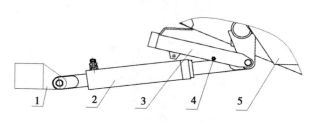

图4-4　割台安全卡结构示意图

1. 前桥　2. 割台油缸　3. 安全卡　4. 安全卡螺栓　5. 割台

图 4-4 为割台安全卡的示意图，但维修或检查割台需要到割台下方时，一定要检查割台与车身连接，一定要牢固，然后把割台升到最高将安全卡图中序号 3 放下，先将图中序号 4 螺栓取下，把安全卡放下，使安全卡卡在油缸上，再将螺栓穿到安全卡左边的孔中拧好螺母，方可到割台下方，否则，不得到割台下方。

（六）输送器

输送器主要任务是把割台摘下的果穗输送到剥皮机，同时，剔除茎秆和杂叶。结构采用链条加刮板形式。链条上部设计有滑动轴承座和调节螺杆装置，可以调整链条的张紧度。注意两条链条的张紧是至关重要的，一定要使两侧链条张紧度一致，主、被动轴要平行，以保持链条平稳传动。

输送刮板是由带线橡胶板制成，属易损件，工作量到达一定数量后磨损严重时需及时更换。

（七）剥皮机

剥皮机用于剥下玉米果穗苞叶，其动力是由分动箱传递的。

剥皮机机主要由动力输入轴、安全离合器、喂入轮、剥皮辊、剥皮机架、压穗轮等几部分组成（图4-5）。

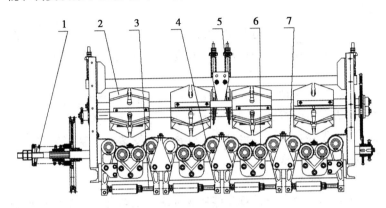

图4-5 剥皮机示意图

1. 安全离合器 2. 压送器 3. 弹簧导杆 4. 摇臂轴承座 5. 压紧弹簧
6. 固定轴承护板 7. 轴承座护板

玉米果穗通过喂入轮喂入到剥皮机，在压穗轮的压送下8对相对旋转的剥皮辊将果穗上的苞叶剥下，被剥净的果穗流入果穗箱，散落的籽粒通过回收筛回收。

剥皮机输入轴端安装有安全离合器，它的作用是防止剥皮辊在缠绕杂物或发生意外情况时损坏剥皮机零部件。离合器安全扭矩大小可以通过调整压缩弹簧长短来实现，扭矩过小离合器总是打开无法正常工作，过大会失去保护作用。

工作期间要及时清理剥皮辊上缠绕的苞叶，才能保证剥皮机正常的工作效率和效果。

（1）每对剥皮辊的适当压紧力，对保证剥皮辊的工作效果非常关键，在每组V形排列的剥皮辊两端分别安装有摇摆轴承座，在轴承座的下方有一带螺纹的弹簧导杆、套、弹簧等。当拧紧导杆上的螺母使弹簧压缩，即增大剥皮辊的压紧力，反之，减小剥皮辊的压紧力。注意：压紧力调整过大会增加果穗籽粒损失，缩短剥皮胶辊和铁辊的使用寿命；反之，压紧力过小会降低果穗剥净率。

（2）当玉米果穗苞叶较紧时（玉米品种不同），可降低收获速度，并调整压穗轮与剥皮辊之间隙，来保证果穗的剥净率。

（八）籽粒回收装置

籽粒回收箱位于剥皮机下方，是通过前后摆动的贝壳筛来回收剥皮机剥落的籽粒，同时将剥皮机剥下的苞叶排出。卸粮需注意：必须先停止行走，再分离工作离合，变速杆在空挡位置，拉紧手刹制动再卸粮。

（九）动力输出离合

该离合器为常开式双摩擦片双轴承干式离合器，采用蝶形弹簧作为弹性补偿。

双摩擦盘离合器传递功力大和扭矩大、输出功率平稳、质量可靠。

1. 安装要求和调整方法

（1）安装要求。离合器在准备与柴油机连接时，首先将内齿圈安装在柴油机飞轮上，扭紧牢固。其次是等待装的离合器中的摩擦盘拨入离合器壳体，止口四周均称，使摩擦盘处于中心对称状态。然后拨动拨叉杠杆将离合器结合上。再与柴油机连接紧固。

（2）调整方法。本产品离合器出厂前已经过调整和性能试验，用户不能任意转动调整盘，以免影响其使用性能。如离合器经过使用，由于摩擦片的磨损使其能力下降，用户可按以下方法调整：

①将离合器处于分离状态，打开上检查孔，转动离合器轴，窥视调整盘定位销，把定位销向内压缩，顺时针旋转调整盘，每调过一个相应12°缺口可使调整盘压紧0.1mm。调整完后，使定位销插入相应缺口中。

②将离合器推到结合状态，用专用塞尺检查后动压盘与导套固定螺栓头部之间的距离1～2mm。（此距离为补偿间隙）。

2. 使用要求和维护保养

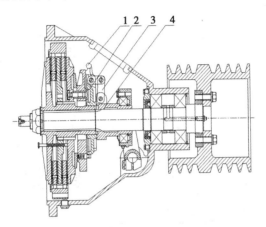

图4-6　动力输出结构示意图

（1）操纵离合器传递功率时应瞬时合上，缓慢会使摩擦片烧坏。

（2）摩擦片表面不允许沾有油污。

（3）离合器壳体下部有放污螺塞，应常放除油污、积水。

（4）工作时应经常打开窗口，窥检操纵系统保险销完整情况。

（5）离合器每工作3天时，应用黄油枪向黄油嘴内注黄油一次。

注意：主轴承直接在主轴法兰端面上的油嘴注入黄油，分离轴承注入黄油必须打开大的检修窗口盖，将离合器操纵机构使离合处于啮合状态，才能看到油嘴注入黄油。

（6）压紧杠杆（图4-6：序号1）、调整盘（图4-6：序号2）、连接板（图4-6：序号3）、分离轴套（图4-6：序号4）、销孔及 3 种杠杆轴销磨损过大应及时更换，否则，将出现离合器输出扭矩降低或分离不清现象。

（十）行走无级变速机构

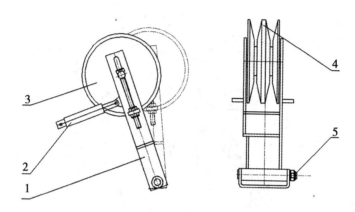

图 4 - 7　无级变速结构示意图

1. 转向臂　2. 液压缸　3. 定轮　4. 动轮　5. 芯轴

部分玉米联合收获采用无级变速机构，玉米联合收获机的行走速度，除通过换挡改变外，各挡位均可以通过行走无级变速装置调整速度，并且速度的变化是无级连续的（图 4 - 7）。

1. 行走无级变速的工作原理

当驾驶员操作无级变速手柄时，变速油缸伸缩使转臂转动，动轮被张紧带挤压横向滑动，而另一皮带放松，动轮左右带槽直径发生变化，改变皮带传动比，实现变速箱输入皮带轮速度改变，实现行走无级变速。

由于两条传动带在无级变速过程中时松时紧，因此，皮带的张紧必须适度，过紧过松均会造成皮带不能同时正常工作。一般检查时用 125N 的压力压任意一根带的中部，皮带的挠度为 16 ~ 24mm 为宜。

2. 调整方法

先通过操纵手柄将动轮置于中间位置，然后松开调节螺栓及调节螺杆锁紧螺母，使无级变速轮上下移动，两皮带张紧适度后，将变速轮栓轴固定，拧紧锁紧螺母即可。如果通过上述方法仍有一根皮带张紧不好，则可调整无级变速油缸上活塞杆的伸出量来微调。调整量不超过15mm。调整好后要切实拧紧吊耳螺母。单根皮带调整后，应按以上方法重新调整一次无级变速轮，以达到两根皮带有同样张紧度。

第五节　玉米机收作业标准及注意事项

一、技术规范

玉米联合收获机作业应达到国家有关标准要求：籽粒损失率≤2%，果穗损失率≤3%，籽粒破碎率≤1%；籽粒含水量≤05%，割茬高度≤15cm，玉米茎秆粉碎还田，茎秆切碎长度≤15cm，抛散均匀。为保证玉米果德的收获质量和秸秆处理的效果，减少果穗及子粒破损率，秸秆还田的合格率，根茬的合格率和秸秆切段青贮的要求，玉米收获应满足以下要求。

（1）实施秸秆青贮的玉米收获要适时进行，尽量在玉米果稍籽粒刚成熟时，秸秆发干变黄前（此时秸秆的营养成分和水分利于青贮）进行收获作业。

（2）玉米收获尽量在果穗籽粒成熟后晚3~5天再进行收获作业，这样玉米的籽粒更加饱满，果穗的含水率低有利剥皮作业。

（3）实施秸秆还田的玉米收获趁秸秆青绿，含水率30%以上进行作业，此时秸秆本身含糖分，水分大，易被粉碎，对加快腐解、增加土壤养分大为有益。秸秆越青，水分越高越利于将秸秆粉碎,可以相对减少功率损耗。

（4）根据地块大小和种植行距及作业质量要求选择合适的机具,作业前制定好具体的收获作业路线,同时,根据机具的特点,做好人工开割道等准备工作

二、玉米收获前的机具准备

（1）在收割前要按使用说明书的技术要求对玉米收割机进行全面的保养、检查、调整、紧固,使整机达到良好的技术状态。

（2）作业前对机具进行试运转,发动机无负荷试运转,整机空运转及负荷试运转。

（3）作业前应进行试收获,并进行必要的调整。选择和确定合适的行走速度、收割行数及行走路线等。行走速度要适当,太高或太低都将会影响到作业质量,确定的依据主要兼顾摘穗,剥皮和茎秆切碎3个环节。机具调试好后方可投入正式作业。

（4）对玉米联合收获机所有的摩擦部分及时、仔细和正确进行润滑。

（5）作业前,适当调整摘穗辊（或摘穗板）间隙。

（6）正确调整秸秆粉碎还田部分的作业高度,根茬高度为≤10 cm 即可,调得太低刀具易打土,导致刀具磨损过快,动力消耗大,降低机具使用寿命。

（7）辅助机械的准备。依据收割机的班次生产率、运距,选配好相应的运粮、运草等辅助机械。

（8）准备好易损零配件,如甩刀、拨禾轮、传动链等。

三、作业注意事项

（1）收获前,应对玉米的倒伏程度、种植密度和行距、果穗的下垂度、最低结穗高度等情况,做好田间调查,并提前制定作业计划。

（2）提前 3 ~ 5 天对田块中的沟渠、横埂予以平整，并将水井、电杆拉线等不明显障碍安装标志，以利安全作业。

（3）作业前应进行试收获，调整机具，达到较好作业质量后，方可投入正式作业。在作业时尽量对行作业，既可减少掉穗损失，又可提高作业效率。

（4）作业前，适当调整摘穗辊（或摘穗板）间隙，以减少籽粒破碎；作业中，注意果穗升运过程中的流畅性，以免卡住、堵塞；随时观察果穗箱的充满程度，及时倾卸果穗，以免果穗满箱后溢出或卸粮时卡堵现象。

（5）正确调整秸秆还田机的作业高度，以保证留茬高度小于 10cm，以免还田刀具打土、损坏。

（6）如安装除茬机时，应确保除茬刀具的入土深度，保持除茬深浅一致，以保证作业质量。

第六节　玉米联合收获机的正确使用

一、玉米联合收获机安全操作

（1）机组驾驶人员，首次使用前，应详细阅读使用说明书，熟悉机器的操控装置和它们的功能，要经过玉米收获机操作的学习和训练并取得从业资格证方可操作。

（2）要注意粘贴在机器上的安全标志。机器开动和作业前，应环视四周发出信号，让周围的人远离机组，尤其是不要在机组后方或前方。

（3）玉米联合收获机技术状态应良好，使用一年以上的玉米收获机必须经过全面的检修保养。

（4）工作时限驾驶员一人，禁止任何人员站在还田机、割台等部位附近。

（5）收获机启动前必须将变速手柄及动力输出手柄置于空挡位置。

（6）作业中注意避开石块、树桩等障碍，以免还田机锤爪、收获机扶禾器、摘穗辊碰撞硬物损坏。

（7）在机组工作中或运转状态下，闲人应远离机组。

（8）排除故障，检查调整，润滑保养必须停机，切断动力，或在发动机熄火后进行。

（9）在公路上行驶，应严格遵守交通法规，所有的信号标志应齐全有效，在经过十字路口或铁道口时，应严格遵守"一停、二看、三通过"的原则。

（10）不允许在机器运转状态下检修机具或清理夹带在机具上的杂物。机组在转移地块时，应切断工作部件的动力，使各工作部件停止运转。

（11）发动机水温超过95℃时，应停车清洗散热器，并及时补足冷却水。

（12）严禁拆卸防护罩，机组在转向、地块转移、长距离空行及运输状态时，必须使收获机的工作部件（包括剥皮机、还田机、摘穗机构等）脱开动力。

二、技术操作要点

（1）收获前首先对机具进行全面细致的检查，保证其技术状态良好。

（2）尽量选择直立或倒伏较轻的田块收获，在机具进入田块后，应再次试运转，发动机转速稳定在1 800 ~ 2 000r/min 时，方可开始收获。严禁超转速或低转速工作。

（3）在试割期间，应选用低一挡试割，如果工作正常再适当提高一个挡位。收割一段距离后应停车检查收获质量，观察各部位调整是否适当。

（4）工作中驾驶员应灵活操作液压手柄，使割台和还田机适应田块的要求，并避免还田机锤爪打土，扶禾器、摘穗辊碰撞硬物造成损坏。

（5）收获机到地头时，不要立即减速，而应踏下行走离合器，降低机组前进速度，继续前进一段距离，防止工作部件堵塞。

（6）作业中，发现异常声音、气味等，应立即停车熄火检查，排除故障后方可继续作业。

（7）倒车时，应停止还田机的转动，并提升还田机。

（8）运输过程中，应将玉米联合收获机及秸秆还田装置提升到运输状态，前进方向的坡度大于15°时，不能中途换挡，以保证运输安全。

（9）地头转弯时，应使机内物料基本排出后，工作部件再减速，以防堵塞和丢穗。玉米收获机转弯时的速度不得超过3～4 km/h。

第七节 玉米收获机常见故障及排除方法

玉米收获机的作业是一个比较复杂的工作过程，收获效率的高低，不仅受驾驶技术的限制，还与农作物长势、品种及种植模式有密切关系。驾驶不当，使用调整不当、作物生长状态过差（倒伏、易断、过细、过密、果穗下垂严重等），地势过于起伏、种植地块过短过窄等因素都可能引起收获质量下降、收获效率降低，甚至引起机具故障，除收获前对所收获作物、地势等有充分的了解，尽量预防故障发生外，还应对机具常见的故障有充分准备，并能正确分析故障原因，及时排除。

现将4YZ-3玉米收获机各部位常见故障及排除方法汇总表4-1至表4-6，供使用者参考。

表 4 - 1　割台部分常见故障及排除方法

常见故障	故障原因	排除方法
茎秆导槽的工作间隙被植株杂物堵塞	● 1. 摘穗板间的工作间隙不够宽 ● 2. 摘穗板间的工作间隙的进口处大于或等于后部宽度 ● 3. 拉茎辊棱沿锋利 ● 4. 拉茎辊间隙小，前部断茎秆多 ● 5. 拉茎辊间隙过大，后部断茎秆多 ● 6. 两拉茎辊棱凹未均匀咬合	1. 加大工作间隙宽度 2. 确定工作间隙进口处宽度比后部小3cm 3. 倒圆棱沿 4. 调大间隙 5. 调小间隙 6. 使两拉茎辊棱凹30°均匀咬合
拉茎辊表面被堵	辊子拉开很大，表面发生碾压	移动辊子，使茎秆碾压发生在辊子中部
拨禾链跳链或掉链	● 1. 链条松 ● 2. 链条变形 ● 3. 链条伸长变形超差 ● 4. 链轮过度磨损、掉齿 ● 5. 两链轮传动回路超差 ● 6. 链接头丢失 ● 7. 链条断裂 ● 8. 链轮轴变形 ● 9. 轴承损坏	● 1. 张紧 ● 2. 调整或更换 ● 3. 更换 ● 4. 更换 ● 5. 加减调整垫、调整回路 ● 6. 补齐 ● 7. 更换或换新链节 ● 8. 调整或更换 ● 9. 换新
拉茎辊缠草	● 1. 剔除间隙过大 ● 2. 易刀崩刃、变形、钝化 ● 3. 剔刀丢失	● 1. 调小间隙 ● 2. 更换、调整 ● 3. 补充
摘穗机构不转动	● 1. 割台离合器打滑 ● 2. 分动箱联轴器连接链条丢失 ● 3. 传动链条丢失 ● 4. 传动轴滚键	● 1. 调紧压紧弹簧、处理堵塞 ● 2. 补齐 ● 3. 补齐 ● 4. 补键、换轴
所禾链传动噪声大	● 1. 张紧过紧 ● 2. 有磕碰物 ● 3. 链轮传动回路超差 ● 4. 链条、链轮有损坏 ● 5. 轴承损坏	● 1. 松弛 ● 2. 调整、排除磕碰物 ● 3. 调整回路 ● 4. 更换、调整 ● 5. 更换

表 4 – 2 搅龙输送机构常见故障及排除方法

故障现象	原因分析	排除方法
果穗不向中间输送	●1. 搅龙筒装反 ●2. 搅龙叶片左右旋焊反 ●3. 搅龙回转方向不正确 ●4. 搅龙与底壳间隙过大 ●5. 搅龙叶片变形严重	●1. 将搅龙筒左右轴对调后重新装配 ●2. 同上 ●3. 调整传动链条 ●4. 调小间隙 ●5. 调整
果穗向升运器拨送不顺畅	●1. 输送刮板变形严重、回转直径过小 ●2. 刮板丢失、损坏	●1. 调整、保证输送高度 ●2. 补齐、更换

表 4 – 3 升运器部分常见故障及排除方法

故障现象	原因分析	排除方法
排茎辊链条断裂	●1. 断茎秆多引起排茎辊堵塞 ●2. 排茎辊间积异物 ●3. 排茎辊齿板变形引起顶齿 ●4. 排茎辊装配时两辊齿板相顶 ●5. 有断穗积在辊间	●1. 排除断茎秆 ●2. 清理异物 ●3. 调整变形 ●4. 重新装配使两辊棱均布交错 ●5. 清理断穗
切碎刀传动链条断裂	●1. 动刀变形造成动、定刀相碰 ●2. 切碎机动刀碰异物 ●3. 定刀固定不牢与动刀碰 ●4. 切碎轴变形引启动、定刀碰 ●5. 轴承损坏引启动、定刀碰 ●6. 动刀座变形引启动、定刀碰	●1. 调整变形动刀 ●2. 清理异物 ●3. 调整动刀并固定牢固 ●4. 调整轴或更换 ●5. 更换 ●6. 调整或更换
刮板链条扭曲变形或跳链	●1. 两链条张紧不一致 ●2. 主动轴两链轮焊接齿形不对正 ●3. 链条过松 ●4. 从动轴间隔套漏装引起轴窜动 ●5. 从动轴承锁紧套未锁紧	●1. 调整张紧 ●2. 调整重焊，保证齿形对正 ●3. 张紧 ●4. 补装间隔套 5. 锁紧
刮板变形刮板丢失	升运器槽内有果穗或断茎秆堵塞 固定螺栓脱落	清理堵塞物 补齐

表4-4　主离合器部分常见故障及排除方法

故障现象	原因分析	排除方法
离合器结合不上（或打滑）	• 1. 摩擦片过度磨损或断裂 • 2. 离合器间隙调整过大 • 3. 分离爪磨损严重 • 4. 销轴与孔间隙过大 • 5. 销轴脱落 • 6. 拨叉轴凹面与拨叉固定螺栓圆柱面接触间隙过大 • 7. 分离轴承损坏 • 8. 离合器轴固定螺母松动 • 9. 分离轴承与轴卡死 • 10. 摩擦片粘油污	• 1. 更换新片 • 2. 调整间隙至1.5~2.5mm • 3. 成组更换 • 4. 更换变形磨损零件 • 5. 补齐 • 6. 更换拨叉或固定螺栓 • 7. 换新 • 8. 紧固螺母并用锁片锁牢 • 9. 维修或更换 • 10. 换新片
离合器分离不开或不彻底	• 1. 离合器离合间隙过小 • 2. 分离轴承损坏 • 3. 分离爪磨损严重 • 4. 销轴与孔间隙过大 • 5. 销轴脱落 • 6. 拨叉轴凹面与拨叉轴固定螺栓圆柱接触间隙过大	• 1. 调整间隙至1.5~2mm • 2. 换新 • 3. 成组更换 • 4. 更换变形磨损零部件 • 5. 补齐 • 6. 更换拨叉轴或固定螺栓 • 7. 维修或更换
皮带轮滚花键	• 1. 锁紧螺母松动 • 2. 轴与孔花键配合间隙太大	• 1. 换新 • 2. 换新或修复
皮带轮跳动严重	• 1. 飞轮轴承损坏 • 2. 轴与孔花键配合间隙太大 • 3. 皮带轮未动平衡或动平衡质量差	• 1. 换新 • 2. 换新或修复 • 3. 按要求动平衡
皮带打滑	• 1. 皮带磨损严重 • 2. 皮带松 • 3. 皮带轮槽过宽	• 1. 换新 • 2. 张紧 • 3. 换皮带轮
离合器轴承温升过快、过高或烧死	• 1. 润滑不良或未润滑 • 2. 润滑脂不合格 • 3. 轴承质量不合格	• 1. 正确润滑 • 2. 换用合格润滑脂 • 3. 换新

表 4 - 5 液压系统常见故障及排除方法

常见故障	故障原因	排除方法
所有油缸均不能工作	• 1. 无液压油 • 2. 液压箱放油胶管堵塞或胶管打折 • 3. 油位低 • 4. 进油阀安全阀调定压力过低 • 5. 进油阀孔堵死 • 6. 阀杆行程不到位	• 1. 加油至不少于 1/3 箱 • 2. 疏理胶管使油路通畅 • 3. 加油至不少于 1/3 • 4. 调高压力 • 5. 清理阀芯 • 6. 调整到位
割台和秸秆粉碎机升降迟缓或只升不降	1. 溢流阀工作压力偏低 2. 油路中有气 3. 滤清器被脏物堵住 4. 齿轮泵内泄 5. 齿轮泵传动带未张紧 6. 油缸节流孔脏物堵塞	1. 按要求调整溢流阀弹簧工作压力 2. 排气 3. 清洗 4. 检查泵内卸压片密封圈和泵盖密封圈 5. 按要求张紧传动带 6. 卸开油缸接头，排除脏物
割台和秸秆粉碎机升降速度不平稳 秸秆粉碎机油缸不下降	1. 油路中有气 2. 溢流阀弹簧工作不稳定 3. 油缸节流孔脏物堵塞	1. 排气 2. 更换弹簧 3. 卸开油缸接头，排除脏物
割台和秸秆粉碎机自动沉降（换向阀中位）	1. 油缸柱、活塞密封圈失效 2. 阀体与滑阀因磨损或拉伤间隙增大，油温高，油号黏度低 3. 滑阀位置没有对中 4. 单向阀密封带磨损或沾污脏物	1. 更换密封圈 2. 送工厂检查修复或更换滑阀，油面过低，选择规定油号 3. 使滑阀位置保持对中 4. 更换单向阀或清除污物
液压油箱内有大量气泡和乳化状态	液压油里混入空气或水	拧紧吸油管环箍，检查泵盖螺栓或密封，必要时更换密封圈，全系统清洗或更换新油
转向盘居中位时机器跑偏	1. 转向器销或损坏 2. 转向器弹簧失效 3. 联动轴开口变形	送工厂检查修理

常见故障	故障原因	排除方法
转向沉重	1. 油泵供油不足 2. 转向系油路混有空气 3. 单稳阀的安全阀弹簧低于工作压力	1. 检查油泵和油面高度 2. 排除空气 3. 调整溢流阀工作压力
转向失灵	与机器跑偏原因同，转向轴从阀槽中脱落	与机器跑偏排除方法同，上端加限位垫
换向阀不能自动回位到中位或在中位时不能定位	1. 复位弹簧变形 2. 定位弹簧变形 3. 定位套磨损 4. 阀体与滑阀间不清洁而卡死 5. 阀外操纵机构不灵 6. 连接螺栓拧得太紧，使阀体产生变形	1. 更换复位弹簧 2. 更换定位弹簧 3. 更换定位套 4. 清洗阀或系统 5. 调整阀外操纵机构 6. 重新按规定拧紧螺栓

表 4-6　行走系统常见故障及排除方法

常见故障	故障原因	排除方法
挂挡困难或掉挡	1. 离合器分离不彻底 2. 小制动器制动间隙偏大 3. 工作齿轮啮合不到位 4. 换挡轴锁定机构不能定位 5. 推拉软轴拉长	1. 及时调整离合器 2. 及时调整小制动间隙 3. 调整滑动轴挂挡位置 4. 调整推拉软轴调整螺母
变速箱有响声	1. 齿轮严重磨损 2. 轴承损坏（特别是输入轴42207E） 3. 润滑油面不足或型号不对	1. 更换齿轮副 2. 更换轴承 3. 检查油面或润滑油型号
变速范围达不到	1. 变速油缸工作行程达不到 2. 变速油缸工作时不能定位 3. 动盘滑动副缺油卡死 4. 行走带拉长打滑	1. 系统内泄，送工厂修理 2. 系统内泄，送工厂修理 3. 及时润滑 4. 调整无级变速轮张紧架
最终传动齿轮室有异声	1. 边减半轴窜动 2. 轴承未注油或进泥损坏 3. 轴承座螺栓和紧定未锁紧	1. 检查边减半轴固定轴承和轮轴固定螺钉 2. 更换轴承，清洗边减齿轮 3. 拧紧螺栓和紧定套

续表

常见故障	故障原因	排除方法
行走离合器打滑	1. 分离杠杆不在同一平面 2. 变速箱加油过多，摩擦片进油 3. 摩擦片磨损偏大，弹簧压力降低，或摩擦片铆钉松脱	1. 调整分离杠杆螺母 2. 将摩擦片拆下清洗，检查变速箱油面 3. 修理或更换摩擦片，更换合格弹簧
行走离合器分离不清	1. 分离杠杆与分离轴承之间自由间隙偏大，主被动盘不能彻底分离 2. 分离杠杆与分离轴承之间自由间隙不等，主被动盘不能彻底分离 3. 分离轴承损坏	1. 调整分离杠杆与分离轴承之间自由间隙 2. 检查调整 3 个分离杠杆与分离轴承之间自由间隙，并进行调整 3. 更换分离轴承

第八节　玉米收获机的维护和保养

一、作业日技术保养

（1）每日工作前应清理玉米联合收获机各部残存的尘土、茎叶及其他附着物。

（2）检查各组成部分连接情况，必要时加以紧固。特别要检查粉碎装置的刀片、输送器的刮板和板条的紧固，注意轮子对轮毂的固定。

（3）检查三角带、传动链条、喂入和输送链的张紧程度。必要时进行调整，损坏的应更换。

（4）检查减速箱、封闭式齿轮传动箱的润滑油是否有泄漏和不足。

（5）检查液压系统液压油是否有泄漏和不足。

（6）及时清理发动机水箱、除尘罩和空气滤清器。

（7）发动机按其说明书进行技术保养。

二、收获机的润滑

玉米联合收获机的一切摩擦部分，都要及时、仔细和正确地进行润滑，从而提高玉米联合收获机的可靠性，减少摩擦力及功率的消耗。为了减少润滑保养时间，提高玉米联合收获机的时间利用率，在玉米联合收获机上广泛采用了两面带密封圈的单列向心球轴承、外球面单列向心球轴承，在一定时期内不需要加油。但是，有些轴承和工作部件（如传动箱体等），应按使用说明书的要求，定期加注润滑油或更换润滑油。

三、三角皮带传动维护和保养

（1）使用中必须经常保持皮带的正常张紧度。皮带过松或过紧都会缩短使用寿命。皮带过松会打滑，会使皮带快速烧损，从而使工作机构失去效能；皮带过紧会使轴承过度磨损，甚至将轴拉弯，从而增加功率消耗。

（2）必须防止皮带沾油。

（3）必须防止皮带机械损伤。挂上或卸下皮带时，必须将张紧轮松开，如果新皮带不好上时，应卸下一个皮带轮，套上皮带后再把卸下的皮带轮装上。同一回路的皮带轮轮槽应在同一回转平面上。

（4）皮带轮轮缘有缺口或变形时，应及时修理或更换。

（5）同一回路用2条或3条皮带时，其长度应该一致。

四、链条传动维护和保养

（1）同一回路中的链轮应在同一回转平面上。

（2）链条应保持适当的紧度，太紧易磨损，太松则链条跳动大。

（3）调节链条紧度时，把改锥插在链条的滚子之间向链的运动方向扳动，如链条的紧度合适，应该能将链条转过 20~30°。

五、液压系统维护和保养

（1）检查液压油箱内的油面时，应将收割台放到最低位置，如液压油不足时，应予补充。

（2）新玉米联合收获机工作 30 小时后应更换液压油箱里的液压油，以后每年更换 1 次。

（3）加油时应将油箱加油孔周围擦干净，拆下并清洗滤清器，将新油慢慢通过滤清器倒入。

（4）液压油倒入油箱前应沉淀，保证液压油干净，不允许油里含有水、沙、铁屑、灰土或其他杂质。

第五章　玉米秸秆还田技术及其机具的使用维修保养

第一节　玉米秸秆还田技术概述

玉米秸秆还田技术，就是将摘穗后直立的玉米秸秆，用与大、中型拖拉机配套的秸秆还田机直接粉碎、抛撒于地表，随即耕翻入土，使之腐烂分解做底肥，较传统的种植方式相比，省去了刨、捆、运、铡、沤、送、施等多道工序，不仅大大提高工效，减轻劳动强度，降低作业成本，而且改善土壤的团粒结构和理化性状，增加土壤的有机质含量，培肥地力，促进粮食增产，改善生态环境，是一项经济效益和社会效益十分显著的实用农机化新技术。

第二节　实行玉米秸秆还田技术的好处

1. 增加土壤中的有机质含量、培肥地力、改善土壤结构，有利于农业的可持续发展

据调查研究和科学试验，玉米秸秆内含氮量为 0.6%，含磷量为 0.27%，含钾量为 2.28%，有机质含量能达到 15% 左右。1 250kg 鲜玉米秸秆相当于 4 000kg 土杂肥的有机质含量，氮磷钾含量相当于 18.75kg 碳铵、10kg 过磷酸钙和 7.65kg 硫酸钾。连续 2~3 年实施玉米机械秸秆还田，可增加土壤有机质含量 0.15%~0.2%，增加速效磷 33%~45%、速钾 25%~30%，增加含氮量 1.06%，一般能提高单产 20%~30%。从而减少了化

肥使用量，降低了农业污染和土壤污染，提高农产品品质。

2. 改善土壤物理性状

秸秆还田后经过微生物作用形成的腐殖酸与土壤中的钙、镁粘结成腐殖酸钙和腐殖酸镁，使土壤形成大量的水稳性团粒结构，还田后土壤容重比对照降低，总孔隙度增加。土壤物理性状的改善使土壤的通透性增强，提高了土壤蓄水保肥能力，有利于提高土壤温度，促进土壤中微生物的活动和养分的分解利用，有利于作物根系的生长发育，促进了根系的吸收活动。

3. 提高土壤的生物活性

玉米秸秆含有大量的化学能，是土壤微生物生命活动的能源。秸秆还田可以增强各种微生物的活性，即加强呼吸、纤维分解、氨化及硝化作用。另外，玉米秸秆分解过程中能释放出 CO_2，使土壤表层 CO_2 浓度提高，有利于加速近地面叶片的光合作用。

4. 增加玉米的产量，提高生态效益

玉米秸秆还田改善了土壤的理化性状，增加了有机质和各种养分含量，减少土壤水分蒸发，涵养土壤水分，提高土壤保水保肥能力。经过秸秆还田后玉米增 7% ~ 9%，同时，玉米秸秆还田保护生态环境，减少污染，产生生态效益。

5. 提高生产效率

利用农业机械进行秸秆还田还可以提高农业的生产效率，减轻农业的劳动强度，节约时间，解决劳动力不足问题。

第三节　玉米秸秆还田技术实施要点

1. 适宜的秸秆数量

每亩还田秸秆以 300 ~ 400kg 为宜，如果还田量过大，反而会影响作物根系生长。

2. 补施氮素肥料

秸秆还田后，应增施碳酸氢铵等速效氮肥，可降低土壤中的碳氮比，既有利于微生物的活动，满足幼苗生长对氮素的需要，加快秸秆分解，又可为后期生产提供各种养分。按秸秆干重的1%配氮肥，瘠薄土壤配施0.3%~0.5%的磷钾肥，然后进行耕翻，可促进秸秆分解，实现高产。

3. 粉细深翻秸秆提高播种质量

粉碎长度应小于10cm，配备大型秸秆粉碎机，秸秆粉碎得较碎，并将粉碎的秸秆均匀耙入土壤。同时，选用与之配套的播种机，以提高播种质量。

4. 适时镇压补水

玉米秸秆还田的地块田间土壤含水量应占田间持水量的60%~70%最适于玉米秸秆腐烂。秸秆还田后，由于秸秆本身吸水和微生物分解吸水，会降低土壤含水量，因此，要及时用镇压器镇压，并及时浇水，使土壤组织更加密实，消除大孔洞，大小孔隙比例趋于合理，种子与土壤紧密接触，利于发芽扎根，可避免小苗吊根现象发生。

5. 适时中耕增温促腐

田间土壤的温度高低不仅影响微生物群体组成活性，也将影响土壤中酶的活性。温度过高会抑制微生物活动，使土壤中的酶失去活性，温度过低微生物活性弱，玉米秸秆腐烂速度缓慢，一般适宜温度在28~35℃范围内。中耕增温促进腐解。

6. 中和酸碱度

在酸性土壤中要施入适量的石灰，做法是把石灰均匀撒在玉米秸秆上，以中和有机酸并可促进分解。

7. 消灭病原体

病害发生重的地块，带病的秸秆不能直接还田，而应将其直接焚烧销毁。

8. 收获果穗后立即还田

应趁秸秆处于青绿状态时进行粉碎，此时的秸秆既易粉碎，又能保证质量。在秸秆腐解过程中产生一些有机酸，往往抑制种子发芽和前期生长。为此，应该注意采取耕作措施疏松土壤，改善土壤通气状况。秸秆还田技术性较强，掌握不好会出现负效应。各地要摸清在不同气候条件（温度、降水）、土壤条件（土壤类型、质地、肥力）和生产水平条件下秸秆的腐解情况，确定适宜的翻压时间、翻压数量、补氮数量，并选准过硬的还田机械。

第四节　秸秆还田机的种类

目前，市面上销售的秸秆还田机主要有 3 种类型：甩刀式、锤爪式、直刀式。其特点分别如下。

1. 甩刀式

甩刀式是采用高锰钢制造，刀片的优点是对比较脆的秸秆粉碎效果比较好，但是，它怕石头，容易损坏。甩刀式秸秆还田机在功能上还分两种：一种是具备旋耕功能的，一种是普通型。具有旋耕功能的秸秆还田机，在粉碎作物秸秆时更精细些，而且连作物的根部也能挖出来一同粉碎，这样在犁地和播种时就方便多了，不会有残留下的杂物影响其他的机械化劳动，同时，也正因为多了一种功能，所以，销售价格也偏高一些。

2. 锤爪式

锤爪式是采用铸钢制造，适用玉米、高粱和棉花等强度比较大的秸秆粉碎。另外，对一些秸秆比较软的秸秆粉碎也适合，像麦秸也是可以的。它的缺点是消耗动力比较大，大横畦比较密、比较高的地方不太适应。

3. 直刀式

直刀式也是采用高锰钢制造，它的优点是粉碎效果比较好，但割茬比较高。

第五节　玉米秸秆还田机的使用与调整

一、玉米秸秆还田机的使用

操作者必须参加培训，经考试合格并取得有合法的拖拉机驾驶资格，认真阅读产品说明书，了解秸秆还田机操作规程、使用特点后方可操作。

1. 作业前准备

（1）地块的准备。玉米秸秆还田作业前要对地面、土壤及作物情况进行调查，还要清除道路障碍物，平整地头垄沟（为避免万向节损坏），清除田间大石块，并设标志等。

（2）玉米秸秆还田机的准备。作业前应认真检查各零部件连接是否可靠，紧固件是否松动，转动部件是否灵活。要对刀座和刀片逐一进行检查，发现变形损坏或短缺，应及时修复，更换和补充。并要检查调整三角带的张紧度，按要求加注润滑油和润滑脂。同时，检查配套的拖拉机或小麦联合收割机的技术状态是否良好，将动力与机具挂接妥当后，要空运转 3 ~ 5 分钟。确认各部位运转正常后，方可投入作业。变速箱内应加注 30 号齿轮油，油面高度以大齿轮浸入油面 1/3 为宜。

2. 操作方法

机组进地后，应首先调整拖拉机的悬挂杆件，使机器的前后、左右保持水平，并注意调整好限深轮的高度，以保持合理的留茬高度，严防刀片入土。先将机具提升到锤爪离地面 20 ~ 25cm 的高度，接合动力输出轴，转动 1 ~ 2 分钟，再挂上作业挡，缓慢松放离合器踏板，同时操作液压升降调节手柄，使还田机逐步降至所需要的留茬高度，随之加大油门，投入正常作业。要根据作物的密度和长势，土壤含水率和坚实度，采用不同的作业速度，并要随时观察传动皮带的张紧度，如过松过紧，均应及时调整。挂接动力输出轴时，要低速空负荷，待发动机加速到额定转速后，机组才能缓慢起步投入负荷作业，严禁带负荷启动还田机和机组启动过猛，以免损坏机件，也不允许带负荷转弯或倒退，机组距离转移地块时，应切断动力。禁止锤爪打土，若发现锤爪打土时，应调整地轮离地高度或拖拉机上悬挂拉杆长度。防止无限增加扭矩而引起故障。机具提升和降落时应平稳，行进中严禁倒退，转弯时要提升机具，地头留 3~5 m 的机组回转地带，运输时必须切断后输出动力。及时清除缠草，避开土埂、树桩等障碍物。墒情过大时严禁下田作业。严禁非操作人员靠近作业机组或在机后跟踪，以确保人身安全。若听到异常响声应立即停车，检查并排除故障后再继续作业。随时检查皮带张紧度，定期加注润滑油、液压油，及时清理或更换"三滤"，经常检查连接部位是否牢固（图 5 –1）。

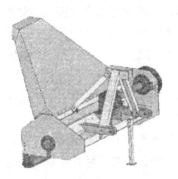

图 5 –1　整机结构示意图

二、玉米秸秆还田机的调整

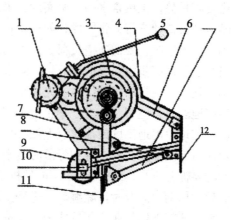

图 5-2 玉米秸秆还田机

要进行还田机左右水平和前后水平的调整。通过调整主拉杆的长度，使机组前后保持水平，调整斜拉杆的长度使机组左右保持水平；根据作业质量要求和地面状态状况，确定液压手柄的位置，控制留茬高度和地头转弯时的提升高度。

（1）横向水平调整。调节斜拉杆，使机具呈横向水平，同时，将下端连接轴调到长孔内，使其作业时能浮动。

（2）纵向水平调整。调节中间拉杆，使机具纵向呈水平。

（3）留茬高度调整。把还田机升起，拧松滚筒两边吊耳上的紧固螺钉，在上下4个孔内任意调整，向下调留茬高度变高，向上调留茬高度变低，调整完后拧紧螺钉，也可用改变提升拉杆的方法进行调整，但以第一种方法最好。

（4）三角皮带松紧度调整。皮带过松可把张紧轮架上的螺帽向内调整；皮带过紧，螺帽向外调整。

（5）变速箱齿合间隙的调整。秸秆还田机工作一段时间后，由于磨损使主动轴轴向间隙和圆锥齿轮啮合间隙发生变化，调整时可通过增加或减少调整垫片的方法进行调整（图5-2）。

三、作业中注意事项

要空负荷低速启动，待发动机达到额定转速后，方可进行作业；否则会因突然接合，冲击负荷过大，造成动力输出轴和花键套的损坏，并易造成堵塞。作业中，要及时清理缠草，严禁拆除传动带防护罩。清除缠草或排除故障必须停机进行。机具作业时，严禁带负荷转弯或倒退，严禁靠近或跟踪，以免抛出的杂物伤人。机具升降不宜过快，也不宜升得过高或降得过低，以免损坏机具。严禁刀片入土。合理选择作业速度，对不同长势的作物，采用不同的作业速度。作业时避开土埂，地头留3~5m的机组回转地带。转移地块时，必须停止刀轴旋转。作业时，有异常响声，应立即停车检查，排除故障后方可继续作业，严禁在机具运转情况下检查机具。作业时应随时检查皮带的张紧程度，以免降低刀轴转速而影响切碎质量或加剧皮带磨损。

第六节　玉米秸秆还田机的故障排除和维护保养

一、玉米秸秆还田机的故障排除

1. 粉碎质量差

主要原因主要是传动皮带过松；刀片磨损或短缺，前进速度过快负荷过重，刀片反装等，应根据实际检查情况进行相应更换或调整。

2. 喂入口堵塞

原因在于作物过密或前进速度过快，减少作业行数或降低作

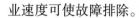

业速度可使故障排除。

3. 机器强烈震动

原因可能为刀片脱落，紧固螺栓松动，万向节叉方向装错，轴承损坏等，应根据检查结果进行排除。

4. 传动皮带严重磨损

原因为皮带张紧度不当，长度不一，负荷过重或刀片打土等，应根据实际检查情况进行相应调整。

二、玉米秸秆还田机的维护保养

作业结束后，清理检修整机，及时清除刀片护罩内壁和侧板内壁上的泥土层，以防加大负荷和加剧刀片磨损。各轴承内要注满黄油，齿轮箱中应加注齿轮油，添加量不允许超过油尺刻线。工作前要检查油面高度，及时放出沉淀在齿轮箱底部的脏物。各部件做好防锈处理，机具不要悬挂放置，应将其放在事先垫好的物体上，停放干燥处，并放松皮带，不得以地轮为支撑点。入库存放，用木块垫起，使刀片离开地面，以防变形。检查刀片磨损情况，必须更换刀片时，要注意保持刀轴的平衡。一般方法是：个别更换时要尽量对称更换；大量更换时要将刀片按质量分级，同一质量的刀片才可装在同一根轴上（单位质量差小于10g的作为一级），保持机具的动平衡。保养时应特别注意万向节十字头的润滑，必须按时注足黄油。

第六章 土壤深松技术及其机具的使用维修保养

第一节 深松的概述

在农业生产上，要想获得粮食丰产丰收，不仅需要有优良的种子，足够的肥料，控制病虫害的方法手段，还需要有先进适用的机械化技术作为支撑。

（一）机械深松技术含义

机械深松技术是指用不同的动力机械配套相应的深松机械，来完成农田深松作业的机械化技术。机械深松的目的是疏松土壤，打破犁底层，增强雨水入渗速度和数量，减少径流，减少水分蒸发损失。由于机械深松是只松土、不翻土，作业后使耕层土壤不乱，动土量小，所以，特别适合于黑土层浅、不宜耕翻作业的土壤。土壤实现机械深松，实际上是一场农业耕种领域内的技术革命，它正在变为一种使粮食增产最有效、先进的技术耕作制度而被人们认识和认可。

（二）机械深松的背景及必要性

农业生产事实告诉我们，制约粮食增产最重要的因素之一就是土壤的质量。据调查，在过去的 30 年中，河北省大部分土地是以传统耕作方式为主，即小型农机具作业，连年耕作，导致土壤耕层只有 12～15cm，土壤板结严重，阻力不断增大，犁底层的土壤变得硬脆，一锹下去就会大块大块地开裂，同时，厚硬的犁底层也阻碍着土壤上下水气的贯通和天然降水的贮存，小型农机具的连年作业，也导致了土壤中蚯蚓等生物的大量减少，土壤毛细管的破坏，土壤养分输送能力的破坏，难以维持植株正常生长对水、肥、气、热的需求；另外，多年来传统的种植习惯——翻、耙、压，翻动土壤严重，不符合作物生长需求；另一方面机车多次进地，土壤压实，降雨径流现象十分突出，土壤蓄水保墒能力明显不足。

（三）机械深松的好处

（1）可有效地打破长期以来犁耕或灭茬所形成的坚硬犁底层，有效地提高土壤的透水、透气性能，深松后的土壤体积密度为 12 ~13g/cm³，恰好适宜作物生长发育，有利于作物根系深扎。机械深松深度可达 25 ~50cm，这是用其他耕作方法所根本达不到的深度。

（2）机械深松作业可极大地提高土壤蓄积雨水和雪水能力，在干旱季节又能自心土层提墒，提高耕作层的蓄水量。一般来讲，深松作业地块较未深松地块可多蓄水 11 ~22m³/亩，且土壤渗水速率提高 5 ~10 倍，可在 1 小时内接纳 300 ~600mm 的降水而不形成径流。正是由于大量降水存入地下，因此，大大地降低了土壤水分的蒸发散失和流淌损失，为农作物生长提供了丰富的天然降水资源。

（3）深松不翻动土壤，可以保持地表的植被覆盖，防止土壤的风蚀与水土流失，有利于生态环境的保护，减少因翻地使土壤裸露造成的扬沙和浮尘天气，减少环境污染。

据测定，小四轮机械灭茬，耕深 6 ~10cm，多功能复式整地机也只有 12 ~16cm。由此导致了土壤干旱现象逐年加剧，恶性循环，农作物只能在夹层狭小的空间中生长，根系发展没有空间，养分吸收不上来，造成农作物生长不良，抗风、抗旱、抗病能力不足。土壤板结，玉米根系不能深扎，应该说耕地质量下降，已成为提高农业综合生产能力的基础性障碍因素。鉴于上述问题，在农业种植技术上，就必须进行改革，大力推广以机械化深松为主导的种植模式，这是在目前现有综合技术条件下，使玉米增产的最为有效的方法，实行以机械化深松为主的保护性耕作技术，已是迫在眉睫。

第二节　河北省农机深松现状

2013年河北省投入财政资金2.5亿元补助农机深松作业面积达1 000万亩，目前，全省累计示范推广农机深松作业3 100多万亩。据统计，2011—2013年，全省粮食主产区深松作业后小麦、玉米增产幅度均达10%以上；增加土壤贮水容量15%左右，减少了浇地次数1~2次，作物耐旱时间延长10天左右。

河北省把做好农机深松整地作为挖掘粮食增产潜力、提升粮食生产能力、保障粮食安全的一项重大技术措施来抓，今年，河北省人民政府批准下发了《河北省农机深松工作实施方案》，省政府办公厅下发了《关于做好农机深松工作的通知》，要求各级政府特别是县级政府高度重视，实行县长负责制，将深松工作列入乡镇目标考核重要内容，强化了工作推动力度。

河北省充分发挥农机购置补贴政策的导向作用，对深松机具实施"三优先一累加补贴"，即优先申报、优先补贴、优先供货，在中央补贴基础上省级给予10%的累加补贴。河北省农机局通过农机补贴审批系统对各项目县深松机械购置补贴情况进行监督，完不成任务的暂不予审批其他补贴机具。深松机具落实实行周报制，每隔半月对项目县机具落实情况进行排队，并在全省通报。

按照整乡整村推进的原则，统筹安排作业任务，提前签订作业合同，将作业任务层层分解到乡村，分阶段有步骤的开展深松作业。充分发挥农机服务组织主力军作用，推行成方连片规模化作业，边收获边开展深松作业。深松作业期间实行作业进度日报制，河北省农机局及时对深松工作进展情况进行通报，加强作业调度。

规范深松作业补贴操作程序，严格项目实施过程监管，做到"三公示、三签字、三级检查"，即村级作业合同公示、村级作业结果公示、县级补助结果公示，深松农户签字、作业机手签字、质检员签字，县级审核、市级抽验、省级督查。严格财经纪律，设立举办电话，严禁截留、挪用、套取补贴资金，确保专款专用。

第三节 深松作业技术标准

（一）深松作业的技术要求

深松前应根据当地的农艺要求和机具性能，对深松机深松铲间距进行调整。凿式深松机深松铲间距调整范围为 40～50cm，铲式带翼深松机深松铲间距调整范围为 60～80cm；全方位深松机深松铲间距是固定的，不需要进行调整。深松深度要达到 25cm 以上，要求耕深一致，不翻动土壤，不破坏地表覆盖，不产生大土块和明显沟痕，深松沟深度不大于 10cm；深松间距均匀，不重不漏，各行深度一致，误差不超过正负 2cm。深松后要及时进行地表旋耕整地处理，平整深松后留有的深松沟。一般采用旋耕机进行浅耕整地，旋耕深度应小于 8cm。

（二）深松作业的原则

（1）每个参加深松作业的机手必须经过技术培训，了解掌握机械深松的技术标准、操作规范以及机具的工作原理、调整使用方法和一般故障排除等。

（2）深松作业前要按照深松技术要求做好以下准备：查看待作业农田秸秆处理是否符合要求，不符合技术要求应及时进行处理；查看土壤墒情和土壤性质是否符合作业要求，不符合应暂缓作业；根据机具性能和土壤情况，确定深松作业速度和深度。

（3）深松机一般配套动力为 80 马力以上的拖拉机，拖拉机的技术状态应良好，液压机构应灵活可靠。

（三）农艺对机械深松的要求

小麦、玉米一年两熟田深松作业，宜在小麦或玉米播种前进行，深松作业后使用免耕播种机播种时要及时浅旋整地。也可在玉米 5 叶之前在行间深松，同时，起到培土作用。

第四节　深松机的分类及结构特点

机械化深松按作业性质可分为局部深松和全面深松两种。全面深松是用深松犁全面松土，这种方式适用于配合农田基本建设，改造耕层浅的土壤。局部深松则是用杆齿、凿形铲或铧进行松土与不松土相间隔的局部松土。由于间隔深松创造了虚实并存的耕层结构，实践证明，间隔深松优于全面深松，应用较广。

当前，在生产中应用的土壤深松方法主要有间隔深松、垄沟深松、中耕深松、浅耕深松、垄翻深松、全面深松等。

按作业机具结构原理可分为：凿式深松、翼铲式深松、振动深松、鹅掌式深松等。不同深松机具因结构特点不一，作业性能也有一定差异，适用土壤及耕地类型也有一定的变化。一般来讲，以松土、打破犁底层作业为目的的常采用全面深松法，以打破犁底层、蓄水为主要目的的常采用局部深松法。有些种类的机具兼有局部深松和全面深松的特点，如全方位深松机、振动深松机等，凿式深松机深松深度大，通过性较好，属于局部深松，适用于小麦高茬秸秆覆盖和玉米秸秆粉碎覆盖地表情况下的深松作业。

深松机型号的含义：大家总看到某某型号的深松机，那么每个型号的字母代表具体的什么内容，大家不一定十分了解，我给大家作一简要介绍。如 ISZL-300 这个型号，I 代表耕整地机械，S 代表深松功能，Z 代表深松形式为震动，L 代表联合作业形式，300 代表耕作宽带。

例如，ISQ250，Q 代表全方位；如 IS7，7 代表深松铲数目。

凿式深松机深松深度大，通过性较好，属于局部深松，适用于小麦高茬秸秆覆盖和玉米秸秆粉碎覆盖地表情况下的深松作业。

铲式带翼（也可卸掉翼铲后使用）深松机松土面积大，并兼有除草功能，且通过性好，但作业阻力大，作业后地表不平整，适用秸秆粉碎覆盖地表情况下的深松作业。

全方位深松机松土面积大，作业后一般没有深松沟，地表平整，作业质量高，但作业通过性较差，一般适用于地表秸秆覆盖较少的一年一熟小麦区。

下面介绍几种不同种类的深松机。

一、IS 系列深松机

IS 系列深松机由拖拉机牵引驱动，采用三点式悬挂联结的深松业机具，可与多种型号的拖拉机配套。

该机用于未耕或已耕地上的深松作业，其作业特点是深松部分在土层 250～300mm 深处形成一定间隔的鼠道，打破土壤犁底层，有效改善土壤的通透性，提高了土壤蓄水能力，利于作物深扎根系，增强了作物抗倒伏能力，起到保墒、丰产及减少水土流失的效果。机具作业效率高，是一种深受广大农民欢迎的机具。

IS 系列深松机执行标准：GB/T 24675.2—2009 保护性耕作机械——深松机。

1. 结构组成（图6-1）

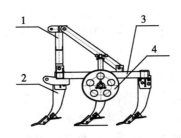

图6-1 IS系列深松机

1. 悬挂总成 2. 深松铲总成 3. 机架焊合
4. 支撑轮总成

2. 主要易损件

（1）铲尖。

（2）耐磨套。

（3）机具调整和使用方法。

3. 左右水平调整

将机具降低，使刀尖接近地面，观看左右刀尖离地面高度是否一致，否则调整右悬挂杆，使左右刀尖离地高度一致，以保证左、右耕作深度一致。

①前后水平调整。将机具降至要求耕深，从侧面看机架处于水平状态，若夹角过大（＞10°）则放长或缩短拖拉机上拉杆，使传动轴处于有利的工作状态。

②提升高度的调整。在转移地块和道路行驶是要求做最高提升位置的限制，即将位调节手轮上螺丝拧紧限位。

③作业深度的调整拖拉机的左右立拉杆的长短和限位支撑轮的位置，来保证机具的作业深度。作业深度浅时，向上调整支撑轮。作业深度深时，向下调整支撑轮。同时调整拖拉机的左右拉

杆长度。调整好时，锁紧支撑轮锁丝和拉杆锁母。

4. 使用方法

①起步。起步时，将机具提升离地 150～200mm，然后挂上工作挡位，缓慢放松离合器踏板，同时，操作拖拉机液压升降调节手柄，使机具逐步入土，随之加大油门直至正常耕深。上下调整支撑轮，使其达到要求深松深度。

禁止在起步前先将机具入土到耕深或猛放入土。因为这会招致机具的损坏和拖拉机离合器的严重磨损。

②前进速度的选择。机具前进速度选择的原则是：达到深松和耕深要求，既保证耕作质量，又要充分发挥拖拉机的额定功率，从而达到高效、优质、低耗的目的。

在一般情况下，作业时前进速度为 3km/h 左右。

③机具的转弯与倒退。转弯时，必须将机具升起，禁止在作业中转弯、倒退，否则，将招致深松铲柄变形、断裂、甚至损坏机具。

二、深松整地联合作业机

深松整地联合作业机由拖拉机后动力输出轴驱动，采用三点式悬挂，是深松旋耕整地联合作业机具，可与多种型号的拖拉机配套。

该机用于未耕或已耕地上的深松旋耕或整地作业，深松旋耕后土块细碎，地表平整，杂草、留茬覆盖良好，作业效率高，是一种深受广大农民欢迎的机具。

深松整地联合作业机执行标准：JB/T 10295-2001。

1. 结构组成（图6-2）

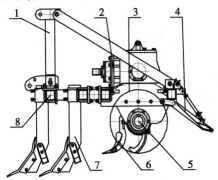

图6-2　深松整地联合作业机

1. 悬挂 2. 箱体总成 3. 机架 4. 覆土板总成 5. 刀轴总成 6. 犁铧总成 7. 深松铲 8. 深松铲架

2. 传动系统示意图（图6-3）

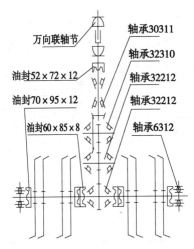

万向联轴节

油封52×72×12

油封70×95×12

油封60×85×8

轴承30311

轴承32310

轴承32212

轴承32212

轴承6312

图6-3　深松整地联合作业机传动系统

3. 主要易损件

（1）旋耕刀（1T245）及装配旋耕刀所用的六角螺栓。M 12×30（8.8级）、弹簧垫圈12.六角螺母M12（6级）。

（2）骨架油封PD70×95×12.PD60×85×8.PD52×72×12。

（3）万向联轴节。

4. 安装与使用

（1）使用前的准备。

①机械出厂时，齿轮箱内的齿轮油已放尽，使用前必须加注润滑油，所有黄油嘴应加注黄油，检查、并拧紧全部螺栓，各传动部件必须转动灵活并无异声。

②刀片安装方法。切忌将刀片反装，错使刀背先入土，致使机器受力过大，损坏机件（图6-4）。

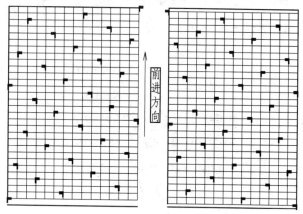

图6-4 ISZL-200A深松整地联合作业机刀片排列展开图

（2）与拖拉机的悬挂连接。

①拆去拖拉机牵引挂钩，卸下动力输出轴盖。

②对准悬挂架中部倒车，提升下拉杆至适当高度，倒车至能与本机左右悬挂销连接为止。

③安装万向节，并上好插销。

④先装左边下拉杆，再装右边下拉杆（因右边下拉杆有调整长度的机构，可调节右下拉杆的高低），并装好插销。

⑤安装上拉杆，插好插销。

（3）作业前调整。

①左右水平调整：将机具降低，使刀尖接近地面，观看左右刀尖离地面高度是否一致，否则调整右悬挂杆，使左右刀尖离地高度一致，以保证左、右耕作深度一致。

②前后水平调整：将机具降至要求耕深，从侧面看万向节与第一轴是否接近水平，若夹角过大（＞10°）则放长或缩短拖拉机上拉杆，使传动轴处于有利的工作状态。

③提升高度的调整：为防止万向节传动轴损坏，旋耕机作业时，传动轴与水平面夹角不得大于10°，地头转弯不得大于25°，故一般田间作业只要提升至离地约20cm即可。如遇过沟、坎或路上运输，需升得更高时，要切断动力；在田间作业时，要求做最高提升位置的限制，即将位调节手轮上螺丝拧紧限位。

（4）使用方法。

①起步：起步时，将机具提升离地15～20cm，结合动力输出轴，空转1～2分钟，然后挂上工作挡位，缓慢放松离合器踏板，同时操作拖拉机液压升降调节手柄，使机具逐步入土，随之加大油门直至正常耕深。上下调整深松铲，使其达到要求深松深度。

禁止在起步前先将机具入土到耕深或猛放入土。因为这会招致机具的损坏和拖拉机离合器的严重磨损，特别严重时会使动力输出轴折断。

②前进速度的选择：机具前进速度选择的原则是：达到深松和耕深要求，达到碎土要求，既保证耕作质量，又要充分发挥拖拉机的额定功率，从而达到高效、优质、低耗的目的。

在一般情况下，作业时前进速度为 3km/h 左右。

③机具的转弯与倒退：转弯时，必须将机具升起，禁止在作业中转弯、倒退，否则将招致刀片变形、断裂、甚至损坏机具。

（5）齿轮箱内的几项调整。机具在使用中，由于轴承、齿轮的正常磨损，轴承间隙和齿轮啮合情况都会发生变化，因此，必要时应加以调整。

①第一轴承间隙的调整：打开第一轴承压盖。

②摊开止推垫圈的锁片，适当上紧圆螺母，用手转动第一轴，应达到转动灵活而又无明显的轴向间隙为止，然后锁好锁片。

③装回第一轴承压盖。

④第二轴轴承间隙的调整：拆去上盖板。

⑤拆去左、右轴承压盖。

⑥用增减两边调整纸垫的方法，调整第二轴轴承间隙，应达到转动灵活而又无明显的轴向间隙为止。

⑦装回左、右轴承压盖，上盖板。

⑧圆锥齿轮副啮合印痕的检查及调整：检查时，先在大圆锥齿轮或小圆锥齿轮工作面上，涂上一层均匀的红丹油并转动齿轮，看印痕大小及其分布，该齿轮齿面的正常啮合印痕是：其长度方向不小于齿宽的 50%，高度方向不小于齿高的 55%，并分布在节圆附近稍偏大端。调整方法见下表。

⑨圆锥齿轮齿侧间隙的调整及注意事项：适当的齿侧间隙是齿轮正常工作的条件之一，间隙过大，产生较大的冲击和噪音。间隙过小，则润滑不良，甚至顶死。

齿侧间隙的测量是用保险丝弯成""形方放在齿轮啮合面处，转动齿轮，取出保险丝，测量被挤压的最小厚度即为齿侧间隙，正常值为 0.19～0.34mm，如果超过 0.5mm，应加以调整，调整方法参照圆锥齿轮啮合印痕的调整。

圆锥齿轮啮合印痕和调整方法，见下表。

表　锥齿轮啮合印痕的检查与调整

印痕	状态	调整方法
	正常	正常印痕长度大于齿宽的50%，高度大于齿高的55%，分布在分度圆锥线附近
	不正常	减少轴承套环与箱体之间的调整垫片，使小锥齿轮向箭头方向移动
		增加轴承套环与箱体之间的调整垫片，使小锥齿轮向箭头方向移动
		减少第二轴右轴承盖与箱体之间的调整垫片，将取下的垫片加到第二轴左轴承盖与箱体之间，使大锥齿轮向箭头方向移动
		减少第二轴左轴承盖与箱体之间的调整垫片，将取下的垫片加到第二轴右轴承盖与箱体之间，使大锥齿轮向箭头方向移动

三、深松施肥机

深松施肥机可以完成深松深度 25～40cm，作业幅宽 1.2～2.0m，一次施肥两行，深松行距、施肥深度和距苗带宽度可调，可根据用户要求或当地土壤、作物状况调节。该机的深松部件保证了有效打破"犁底层"，其铲刃均采用耐磨钢制造。

深松代替传统的翻地作业，单位面积作业效率可提高 30%以上，单位面积耗油可降低 20%以上，单位面积机耕费可节省近 30%。

该机适用旱田平原、半丘陵地区，玉米、大豆等品种，垄作或平作耕作制度的秋季深松（同时施肥）、中耕期深松施肥；即可单项作业，也可联合进行。

1. 结构简介（图 6 -5）

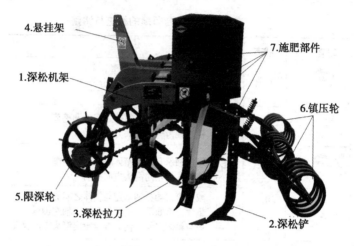

4.悬挂架

7.施肥部件

1.深松机架

6.镇压轮

5.限深轮

3.深松拉刀

2.深松铲

图 6 -5　ISFS -200 型

（1）深松机架。深松机架由前后横梁，左右斜梁、左右支梁焊合而成，是整个机具的支架，其他部件均安装在机架上。

（2）深松铲。深松铲由深松铲柄和活动侧翼组成，是机器主要工作部件。

（3）深松拉刀。深松拉刀由 L 型两组拉刀组成，起分层碎土作用，减轻深松铲件工作阻力。

（4）悬挂架。

（5）限深轮。限深轮主要起到限止深松机入土深度的作用。深松铲与限深轮均通过连接卡子与机架相连接。

（6）镇压轮。每个深松铲后有一组镇压轮，起到合墒镇压作用，可保墒，裂沟小，土垡碎。

（7）施肥部件。包括肥箱、肥盒、肥管传动轴、调肥螺杆、链轮和施肥犁柱等组成等组成。

2. 产品的安装与调整

（1）产品的安装。将各个部件按照说明书图纸所示组装在一起，并调整好铲与铲之间的间距。将肥箱、肥盒、传动轴、调肥螺杆组装到一起后，再装在深松机架的预制件上，挂上链轮，插上施肥犁柱，最后接上肥管。

（2）产品与拖拉机的安装。当拖拉机机为轮式拖拉机时：产品本身的悬挂架应采用 B 孔和 F 孔的组合连接方式，同时，拖拉机的下悬挂与产品的 C 孔相连接。

（3）产品的调整。

①使用时，将深松机的悬挂装置与拖拉机的上下拉杆相连接，并通过拖拉机的吊杆使深松机保持左右水平；通过调整拖拉机的上拉杆（中央拉杆）使深松机前后保持水平，保持松土深度一致。

②松土深度调节机构是调整深松机松土深度的主要调整机构，它的调整是在田间作业时，根据松土深度的要求来调整。调整方法：拧动法兰螺丝，以改变限深轮距深松铲的相对高度。距离越大深度越深。调整时要注意两侧限深轮的高度一致，否则，会造成松土深度不一致。

③投施肥量的调整。旋转投肥调节螺丝，顺时针旋转加大投肥量，逆时针旋转减小投肥量。

④投肥深度的调整。调整施肥犁柱的入土深度，使其达到需要的标准即可。

四、玉米免耕深松全层施肥精播机

1. 播种机的构造

整机由化肥箱、施肥开沟器、铁轮镇压总成、播种总成及传动机构组成（图 6 - 6）。

2. 安装及调试

（1）安装。安装时要注意以下几点（图 6 - 7）。

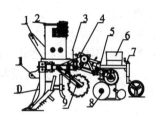

图 6 - 6　播种机的构造

1. 上悬挂 2. 化肥箱 3. 踏板 4. 变速箱 5. 播种单体 6. 种子箱 7. 升降丝杠摇柄 8. 播种圆盘开沟器 9. 铁轮镇压总成 10. 施肥开沟器 11. 下悬挂

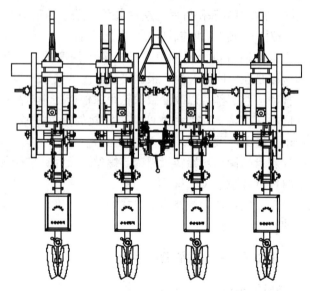

图 6 - 7　安装示意图

①播种开沟器必须与施肥开沟器左右方向错开 50mm 以上，避免化肥烧苗。

②安装各总成时要尽量保持各对应轴孔同心，螺栓要交替旋

紧，边拧边观察总成与支架梁的间隙，要保证与梁面完整结合。

（2）行距调整。

①拆下播种总成螺栓。

②松开播种总成传动轴上的平卡子。

③轴向移动各总成。

④上好播种总成螺栓，拧紧传动轴上的平卡子。

注：播种开沟器必须与施肥开沟器左右方向错开50mm以上，避免化肥烧苗。

（3）株距调整。调整变速箱传动比可以改变整台机器各行株距，操作时，下拉手杆，使指示杆位置至于空挡槽，然后左右操纵手杆观察指示杆位置变化，当指示杆到达所选挡位槽入口处时，松开手杆，指示杆自动进入挡位槽，株距操作完毕。

（4）深度调整。

①施肥深度的调整：松开施肥开沟器固定座上的顶丝、螺栓，上下移动施肥开沟器调整深浅，上移则浅、下移则深。要求各施肥开沟器下尖连线与机架平行。

②播种深度的调整：松开镇压总成上的顶丝，转动升降丝杠的摇柄，调整镇压轮上下位置。镇压轮上升，则播种开沟器下降，播种深度变深；镇压轮下降，则播种开沟器上升，播种深度变浅。

（5）调换挡种毛刷。排种器上的3个挡种毛刷受力不一样，可以互换位置以延长使用寿命。

（6）施肥量调整。

为保证幼苗苗期健壮，增添了口肥施肥器。口肥排肥器设在箱底后方，为避免施肥量大烧苗，建议口肥用量每亩不超过20kg（也就是把旋转的排肥轮调整到整盒宽度的1/3，然后用旋紧螺母把手轮锁死）。

清空排肥盒内化肥，松开轴端的蝶形螺母，旋转手轮，以改变排肥盒内的外槽轮轴向工作长度，实现施肥量调整，完成后再旋紧螺母。

逆时针旋转手轮，槽轮工作长度缩短，施肥量减少；

顺时针旋转手轮，槽轮工作长度变长，施肥量增加。

（7）链条松紧调整。

①主链条用张紧轮调整。

②排种链条调整时可以松开排种器的 4 个安装螺栓，上下移动排种器，改变两链轮的中心距离达到调整目的。

③排肥链条可通过前后移动张紧轮位置，改变中心距达到调整目的。

注意：由于排种链条为竖链条，安装时必须保持张紧状态，作业时经常检查该链条的松紧状态，发现变松要及时调整。

3. 操作方法

（1）装种与装肥。

①筛去种子内的碎末、砂土等细小颗粒，拣去种子内的玉米芯、杂草、标签及纸片等大块杂物，捡起撒落的种子必须清选后再装，包衣种子应晾干，浸籽或包芽应将水分控制在 50% 以下。

②装种前应检查：清种口盖是否盖好，输种管两端是否接好，发现问题应及时排除后方可装种。

③种子加入种箱后应立即盖好种箱盖，作业时不要打开。

④作业时观察输种管内种子的位置，当种子上平面接近管底部时，应及时加种，否则，容易漏播。

⑤将化肥结块砸碎，拣去杂物，过湿流动性差的肥料应事先晒干。

⑥装肥前检查斗内有无杂物，装完后检查底斗拉板是否拉开。

（2）清肥与清种。

①清肥时打开化肥斗底部的放肥口抽拉板，将大多数化肥从

此口流出，残余肥料可抽去清肥口抽拉板打开清肥口排出，需要时可抽去排肥盒底部的开口销打开排肥舌，可清尽化肥。

②清种时应先去除粘在开沟器上的泥土，并在开沟器下接袋，取下清种口盖，将种子流出，不能流出的种子可以用手指拨出，也可以一手接袋，一手转动地轮，直至种子清完。

（3）余行停播操作。当作业地块出现余行时，例如，有块地共7行，用4行播种机作业一次完成4行，还剩3行，不够一次作业，就出现了余行，此时就需要将某一个或几个播种总成停播。本产品在排种器传动轴上配有离合器，可以很方便地把排种盘与传动系统分离或结合。

（4）作业。

①机具在路上高速行驶时，必须将拖拉机升降器锁好，严禁牵拉机具行驶。

②机具降落时要缓慢、平稳，以防开沟器蹲土堵塞。

③要有专人跟机监视：排种盘和排肥轮是否正常转动，前方有无秸茬堵塞，播深是否合适，有无"漏籽"现象，有问题需排除。

④每班前或换地块工作前应检修，作业中途也应停机检修，方法和内容如下。

第一，升起机具旋转地轮，观察排种是否正常；

第二，检查施肥、播种开沟器是否堵塞；

第三，驱动轮外周面黏土过多时，应清理。

第五节　深松机使用调整和操作规程及维修保养

一、深松机的使用调整

（1）作业前应根据地块形状规划作业路线，保证作业行车方便和空车行程最短。

（2）正式深松作业前要进行试作业，认真调整和检查机具作业深度及作业质量，发现问题及时解决，直至符合作业要求后才能进行正式作业。

（3）机组作业速度要符合使用说明书的要求，作业中应保持匀速直线行驶，要使深松间隔距离保持一致。

（4）作业时应随时检查作业情况，发现铲柄前有浮草堵塞应及时停车清除，作业中不允许有堵塞物架起机架现象。

（5）深松铲尖严重磨损，影响机具入土深度时，应及时更换。

（6）一块地每次作业后，一般间隔 3~5 年再进行一次深松作业。

二、深松机的操作规程

深松作业条件

（1）适宜深松作业的土壤为沙壤土、壤土、黏壤土等。

（2）耕作层 20cm 以下为沙层的地块不宜进行深松作业。

（3）使用铧式犁耕翻或旋耕机耕作多年，土壤 15~25cm 处形成了坚硬的犁底层，影响到雨水下渗及农作物根系生长的农田，应进行深松作业。

（4）实施保护性耕作技术 3~5 年未深松的农田，需要进行深松作业。

（5）当 0~25cm 土壤容重大于 1.4g/cm 时，需要进行深松作业。

（6）当农田 0~25cm 土壤含水率在 12%~22% 时，适宜进行深松作业。

（7）在秸秆粉碎地表进行深松作业时，要求切碎的秸秆应均匀覆盖地表，一次作业粉碎后的长度小于 10cm 的玉米或小麦秸秆85%以上，抛撒均匀大于90%，留茬高度小于10cm；在未进行秸秆粉碎的小麦高茬地进行深松作业，作业前进行人工清理麦秆浮草。

三、深松技术要求

（1）深松前应根据当地的农艺要求和机具性能，对深松机深松铲间距进行调整。凿式深松机深松铲间距调整范围为50～70cm。

（2）深松深度要达到25cm以上，要求耕深一致，不翻动土壤，不破坏地表覆盖，不产生大土块和明显沟痕，深松沟深度不大于10cm；深松间距均匀，不重不漏，各行深度一致，误差不超过正负2cm；深松后地表无秸秆堆积和土壤堆积，秸秆覆盖均匀。

（3）深松后要及时进行地表旋耕整地处理，平整深松后留有的深松沟。一般采用旋耕机进行浅耕整地，旋耕深度应小于8cm。

四、深松作业时间

小麦、玉米一年两熟田深松作业，宜在小麦或玉米播种前进行，深松作业后使用免耕播种机播种时要及时浅旋整地。

五、深松作业准备

（1）深松作业前要按照深松技术要求做好以下准备：查看待作业农田秸秆处理是否符合要求，不符合技术要求应及时进行处理；查看土壤墒情和土壤性质是否符合作业要求，不符合应暂缓作业；根据机具性能和土壤情况，确定深松作业速度和深度。

（2）作业前机手要认真阅读深松机使用说明书，按照使用说明书要求将深松机与相配套的拖拉机三点全悬挂连接，检查深松机各部件紧固情况和安装是否正确。

（3）深松机一般配套动力为 80 马力以上的拖拉机，拖拉机的技术状态应良好，液压机构应灵活可靠。

六、深松作业规程

（1）作业前应根据地块形状规划作业路线，保证作业行车方便和空车行程最短。

（2）正式深松作业前要进行试作业，认真调整和检查机具作业深度及作业质量，发现问题及时解决，直至符合作业要求后才能进行正式作业。

（3）机组作业速度要符合使用说明书的要求，作业中应保持匀速直线行驶，要使深松间隔距离保持一致。

（4）作业时应随时检查作业情况，发现铲柄前有浮草堵塞应及时停车清除，作业中不容许有堵塞物架起机架现象。

（5）深松铲尖严重磨损，影响机具入土深度时，应及时更换。

（6）一块地每次作业后，一般间隔 3~5 年再进行一次深松作业。

七、深松机的维护保养

（1）作业中应及时清理深松铲上黏附的泥土和缠草等。

（2）每天应检查一次深松机各部件螺丝紧固情况，对磨损部件或损坏部件应及时更换或修理。

（3）每季作业完毕深松机停放不用时，要及时将深松机清理干净，对深松铲、铲尖及各个紧固螺栓均应刷涂机油或黄油进行防锈保护，并放置在机库内保存；没有机库条件时，应选择地势较高的地方，将深松机铲尖用砖和木块垫离地面 10~20cm，并用篷布遮盖严密，严禁机具露天长期放置。

第六节　安全注意事项及警示标志

（1）使用前认真阅读使用说明书。

（2）机具作业时不可倒退。

（3）升降时机具周围人员远离，作业时严禁触摸转动部件。

（4）机具未提升严禁转弯。

（5）若在作业过程中发生故障，必须停机后检查排除。

（6）机具升起时，严禁在机具下面进行维修保养。

（7）警示标志位于旋耕机侧板上，提醒作业人员应注意的事项。

（8）警示标志在旋耕机箱体前侧，提醒作业人员应注意的事项。

（9）警示标志在旋耕机侧板上，提醒作业人员应注意的事项。

（10）机具不能在悬空状态进行维修和调整，维修和调整时机具必须落地，拖拉机必须熄火；作业时机具上严禁站人。

（11）作业时未提升起机具前，不得转弯和倒退。

（12）作业中若发现机车负荷突然加剧，应立即降低作业速度或停车，查出原因，及时排除故障。

（13）运输或转移地块时必须将机具升起到安全运输状态。

（14）作业中应及时清理深松铲上黏附的泥土和缠草等。

（15）每天应检查一次深松机各部件螺丝紧固情况，对磨损部件或损坏部件应及时更换或修理。

第七章 青饲收获机操作技术

第一节 青饲收获技术概述

随着我国经济的快速发展，我国人民的生活水平在不断提高，人们的膳食结构也在逐步改变。人均粮食消费正在逐年减少，肉、蛋、奶占的比例在不断增加。据有关部门统计，目前，我国肉蛋总产量已居世界首位，人均占有量已达到世界平均水平。但是，在肉食中，多为高脂肪的猪肉，而低脂肪、高蛋白的牛、羊肉人均占有量却很少，而奶及奶制品的占有量仍远低于世界平均水平。要想增加牛羊肉的比例，必须大力发展牛羊饲养业，而青贮饲料及其收获机械则是这一发展过程中的重要环节。随着近年来农牧业的快速发展，青饲料机械化收割技术逐渐开始普及。

一、青饲收获技术要求

青饲料收获是一项对作业及时性要求极高的作业项目。因为青贮饲料对养分含量、切碎度、发酵性能要求高，收获过早过迟都会对其产生较大影响，收获过早，则干物质及养分含量低，水分含量过高；收获过迟，则过渡纤维化，水分含量过低，不利于充分发酵。而由于青贮玉米的种植面积大，收割期比较短，必须快速收割、及时窖藏才能保证饲料的质量，因此，必须借助机械化作业，快速完成收获。

综上所述，青饲料机械收获要选择好的时机，如玉米秸秆的收获青贮，时间选择上一是看籽实成熟程度，"乳熟早、枯熟迟，蜡熟正当时";二看青黄叶比例,"黄叶差、青叶好,各占一半稍嫌老"。三是看生长天数,一般品种在 110 天就基本成熟,此时,即可收割青贮。其他一些青绿饲料的收获青贮可以参考玉米。总之,要做到既不影响粮食生产,又不至于太干枯的时候为宜(表 7-1)。

表 7-1　几种常用的青贮原料的适宜收割期:

青贮原料种类	适宜的收割期
全株玉米(带果穗)	蜡熟期至黄熟期,如遇霜害也可在乳熟期收割
收果穗后的玉米秸	玉米果穗成熟,有一半以上的叶为绿色时,立即收割玉米秸青贮或玉米成熟时(削尖青贮,削尖青贮时 果穗上都应保留一片叶)
高粱	蜡熟期收割
豆科牧草及野草	开花初期
禾本科牧草及野草	抽穗初期
甘薯藤	霜前或收薯前 1~2 日
水生饲料	霜前捞收,凋萎两日,以减少水分含量

二、青饲收获技术内容

目前,我国青贮饲料的收割和加工主要有 3 种方式:一种是手工加半机械化作业,收割靠人工大会战,运输车运到青贮窖边,然后手工加铡草机切碎,主要靠的是人海战术完成青贮作业全过程;二是采用牵引(悬挂)式收获机作业,可收割、切碎、抛送一次完成,需人工开辟作业道,切碎质量差,损失浪费大,需要辅助人员多,作业效率低;三是采用自走式青饲料收获机,一般均为大中型,分对行和不对行两种形式,收割、切碎、抛送一次完成,作业质量好,辅助人少,作业效率高,损失小,转移方便。

第二节 青饲收获机种类及选型

一、青饲收获机的分类

目前，田间收取青饲料作物的机械主要有甩刀式青饲料收获机和通用型青饲料收获机两种类型。

（一）甩刀式青饲料收获机

甩刀式青饲料收获机主要用来收获青绿牧草、燕麦、甜菜茎叶等低矮青饲作物。其主要工作部件是一个装有多把甩刀的旋转切碎器。作业时，切碎器高速旋转，青饲作物被甩刀砍断、切碎，然后被抛送到挂车中。根据切碎的方式又分为单切式和双切式两种。单切式青饲收获机对饲料只进行一次切碎，甩刀为正面切割型，对所切碎的饲料的抛送作用强，但切碎质量较差，长短不齐。一般工作幅宽为 1.25m 左右，切碎长度 50mm 左右，配套动力 22～36kW，生产率每小时 0.5hm^2 左右，损失率小于 3%。双切式青饲收获机在甩刀式切碎装置后面设置一平行螺旋输送器，螺旋输送器前端设有滚刀式或盘刀式切碎抛送装置。作业时，甩刀将饲料切碎，并抛入螺旋输送器，由螺旋输送器送入切碎抛送装置进行第二次切碎，最后抛入挂车。其切碎质量较好，但结构复杂。工作幅宽约 1.5m 左右，配套动力为 30kW 左右。

（二）通用型青饲料收获机

通用型青饲料收获机又称多种割台青饲收获机，可用于收获各种青饲作物。有牵引式、悬挂式和自走式 3 种。一般由喂入装置和切碎抛送装置组成机身，机身前面可以挂接不同的附件，用于收获不同品种的青饲作物，常用的附件有全幅切割收割台、对行收割台和捡拾装置 3 种。全幅切割收割台采用往复式切割器进行全幅切割，适于收获麦类及苜蓿类青饲作物。割幅为 1.5～

2m，大型的可达3.3~4.2m；对行割台采用回转式切割器进行对行收获，适于收获青饲玉米等高秆作物。捡拾装置由弹齿式捡拾器和螺旋输送器组成，用于将割倒铺放在地面的低水分青饲作物拾起，并送入切碎器切成碎段。

装载青饲料的挂车可直接挂接在青饲料收获机后面，也可由另一台拖拉机牵引，随行于青饲料收获机后面。

二、青饲收获机的选型

在购买青饲收获机时要考虑以下几个方面。

（1）在选择自走式或牵引式的问题上，首先要根据购买者的使用性质来确定。如果青贮玉米和青饲料的种植面积在1 000 hm² 以上，应以自走式为主要机型，再按自走与牵引1：3~4的比例配备一定数量的牵引机。既要满足青贮玉米和青饲料在最佳收割期时收割，又要考虑使现有的拖拉机动力充分利用，更要考虑投资效益和回报率的问题。更值得注意的是当青贮收割作业完毕，拖拉机还可进行其他作业，这对经营者是很有利的。如果是专业化的青贮收割作业也可参考上述的配备方法。对有实力的个体农机经营者，应根据现有动力选购与之匹配的牵引式青贮收割机。

（2）在选购青饲收获机的时候，还要考虑资金的能力的大小，要首选价格合理、技术性能先进、制造工艺水平高、生产率高、工作可靠性强的机型。

（3）应考虑选购规模大、实力强的大型农机企业生产的产品，如果在同等技术水平的条件下，要选择价格低、售后服务好有诚信的产品。

第三节　青饲收获机的正确使用和调整

一、青饲收获机的正确使用

（一）收获机的操作及安全规则

（1）驾驶员必须经培训合格方能使用收获机，并按使用说明书要求操作和维护。

（2）注意经常检查自备的灭火器性能是否良好，使用时拔出保险销，按下手柄，干粉剂可喷出。作业后及时清理。夜间作业当电气系统发生故障时要用防火灯。

（3）禁止在作业地区内加油和运转时加油（燃油必须经96h以上沉淀）以及在机上或作业区内吸烟。

（4）禁止在电气系统中使用不合格电线，接线要可靠，线外须有护管，接头处应有护套。保险丝容量应符合规定，不允许做打火试验。

（5）禁止穿肥大或没有扣好的工作服操作机器。

（6）驾驶员在启动发动机前必须检查变速杆、动力输出离合器操纵杆是否都在空挡或分离位置。

（7）驾驶员确实看清收获机周围无人靠近时，才能在发出启动信号后启动机器。

（8）只有在割台安全卡可靠支撑后才能在其下面工作，未停车不允许排除故障。

（9）收获机田间作业时，发动机油门必须保持额定位置，注意观察仪表和信号装置是否正常，不准其他人员搭乘和攀缘机器。

（10）收获机作业中因超负荷堵塞必须同时断开行走离合器和工作部件离合器，必要时立即停止发动机工作。工作部件缠草和出现故障，必须及时停车清理排除。

（11）收获机禁止在大于 8°的横坡上行驶，不允许坡地高速行驶，上下坡不允许换挡。坡地停车，应使手刹车（或刹车锁定装置）固定，四轮应堰上随车专用斜木或石块。经常检查刹车、转向和信号系统的可靠性。

（12）不要在高压线下停车。

（13）切勿用手或脚进行喂料，防止造成人身伤害。

（14）机器维护或维护后，应检查工作部位是否有物品遗留，禁止将铁器遗忘在工作部位，防止铁器喂入到切碎滚筒中，引起损坏刀片、人身伤亡等事故。

（15）收获机因出现故障需要牵引时，最好采用不短于 3m 长度的刚性牵引杆，因故障在牵引收获机时，不允许挂挡，牵引速度不超过 10km/h，不要急转弯。在发动机出现故障不能启动时，不允许拉车或溜坡启动。

（16）收获机停车时必须将割台放落地面，所有操纵装置回到空挡位置和中间位置，然后才能熄火，坡地停车应将手刹车固定。离开驾驶台时，应将启动开关钥匙抽掉，并将总闸断开。

（17）支起收获机时，在前桥应将支点放在机架与前管梁连接支撑板上，在后桥应将支点放在铰点下方，并堰好未支起的轮胎，可靠支起。拆卸驱动轮时应先拆与轮毂固定螺栓。卸下总成后，如需要再拆内外轮辋固定螺栓，必须先放完气后再拆，以免轮辋飞出伤人。

（18）收获机在工作时抛送方向严禁有人，防止抛送出异物，发生人身伤害。

（二）安全使用说明

安全警示标志

（1）安全警示标志所提示的内容涉及人身安全，必须严格执行。

（2）安全警示标志必须保持清晰，丢失或损坏应及时更换（图7－1）。

（3）机器运转时不得进入料箱，以免卸料时发生跌落危险。

（4）机器运转时割台及铡草机等运转部位周围不得站人。

（5）割台前进方向不得站人。

（6）操作人员必须仔细阅读说明书中规定的安全使用说明及安全警示标识。

（三）收获机的试运转

新购置的收获机或大修后的收获机作业前必须进行试运转，以保证良好的技术状态和延长使用寿命。试运转必须正确安装、调整和润滑各部件，试运转中每隔半小时必须停机认真检查，必要时临时停车检查和排除故障。

收获机试运转按以下4个程序进行：

发动机空运转　　　15～20分钟

行走试运转　　　　25小时

带机组试运转　　　20小时

负荷试运转　　　　15小时

1. 发动机空运转

见《拖拉机或柴油机使用说明书》。

2. 行走试运转

当发动机温度升高40℃以上时，从低挡到高挡，从前进挡到后退当逐步进行，试运转过程中采用中油门工作，应留心观察，并检查以下项目：

（1）检查变速箱和左右边减传动有无过热、异音以及变速箱漏油现象，并检查润滑油面。

（2）检查前后桥轮轴承等转动部位是否过热。

（3）检查转向和制动系统的可靠性，及刹车夹盘是否过热。

（4）检查两根行走带是否符合张紧规定。主离合器能否脱开。

（5）检查轮胎气压，并紧固各部螺栓，特别是前后轮轮毂螺栓、边减半轴轴承螺栓和锥套锁紧螺母，无级变速轮各紧固螺栓、前轮轴固定螺钉、后轮转向机构各固定螺栓、发动机机座和带轮固紧螺栓等。

3. 带机组试运转

（原地试运转一段时间后可与行走试运转同时进行，但不准用Ⅲ挡与机组同时进行）

（1）机组运转前的准备工作。

①应仔细检查各传动V形带和链条是否按规定张紧。

②将收获机内部仔细检查清理后用手转动中间轴左侧带轮，有无卡滞现象，正常情况下应该由一人在主离合器分离状况下转动自如。

③按润滑图规定对各润滑点进行润滑。

④检查所有螺纹紧固件是否按规定扭矩拧紧。

（2）先就地运转，从中油门过渡到大油门，仔细观察是否有异音、异振、异味以及"三漏"现象，大油门运转30min后查各轴承处有否过热现象。

（3）缓慢操纵割台以及无级变速、主离合器油缸仔细检查液压系统工作是否准确可靠，有无异音、过热和漏油现象。

（4）运转中仔细观察仪表是否指示正常，各信号装置是否可靠工作。

（5）检查电气系统线路、照明灯、指示灯是否可靠工作，线路有否擦撞现象。

（6）收获机各部运转正常后，方可与行走运转同时进行。

（7）停机检查各轴承是否过热和紧固，各V形带和链条张紧度是否符合规定。

（8）行走无级变速带传动是否工作正常。

收获机遇有坡道要降速行驶；不要在大于8°的坡地横向行驶；以免发生翻车事故，造成人机损害。

粘贴位置：
仪表盘正面

收获机运转时，请勿靠近割台；维修或清理割台前，必须将发动机熄火并拔下钥匙；需要在割台下面进行维修或保养时，必须将割台可靠的锁定在升起位置，以免发生人身伤害。

粘贴位置：
割台侧板外侧

收获机在运转时，不得打开或拆下防护罩，需要对传动装置进行维修或保养时，必须在发动机熄火后进行，以免发生人身伤害。

粘贴位置：
防护罩

收获机在运转时，不得打开或拆下防护罩，需要对传动装置进行维修或保养时，必须在发动机熄火后进行，以免发生人身伤害。

粘贴位置：防护罩

收获机在正常行驶或抛射筒摆动时，请注意空中的电力线路和其他障碍物，以免发生碰撞而造成人机伤害。

粘贴位置：仪表盘正面

为防止火灾：

1. 禁止在作业现场及拖拉机运转时加油。

2. 加油时必须远离火种。

3. 油箱表面油迹擦拭干净。

4. 拖拉机配备背负式收割机时，禁止在拖拉机上吸烟。

粘贴位置：油箱侧面

使用前请仔细阅读说明书
(拖拉机和收获机说明书)

粘贴位置：仪表正面

图 7 - 1　安全警示标志

（9）检查主离合器分离是否可靠。主离合器是一个电磁离合器，要经常检查碳刷部分磨损程度和接地是否可靠。碳刷磨损过多和接地不牢靠都影响正常工作（图 7 - 2）。

4. 带负荷试运转

负荷试运转也就是试割过程，均在收获机收获作业的第一天进行。负荷试运转地块一般应选择在地势较平坦、少杂草、基本无倒伏、具有代表性的作业区进行。当机油压力达到 0.3 MPa，水温升至 60℃ 时，开始以小喂入量低速行驶，逐渐加大负荷至额定喂入量。应该强调，无论喂入量多少，发动机均应在额定转速下全速工作。在试割过程中要及时合理调整各工作部件，使之达到良好的作业状态。

试运转全部完成后，应按《柴油机使用说明书》规定保养发动机，更换变速箱齿轮油，并按本收获机使用说明书规定，进行一次全面的技术保养。

注意：在收割时必须保证发动机在最大油门时工作，否则，转数降低后，抛送筒易发生堵塞。

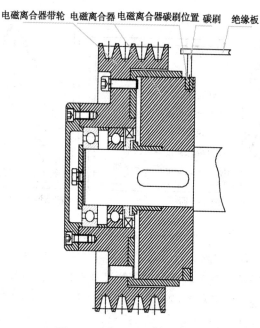

电磁离合器带轮 电磁离合器 电磁离合器碳刷位置 碳刷 绝缘板

图7-2 电磁离合器示意图

（四）收获机作业注意事项

1. 严格按产品使用说明书操作

动力要按机器要求配备，动力过大容易损坏机件（如传动轴及轴承等），过小机器不能正常工作。机器投入使用前一定要对操作者进行培训，以熟悉机器的性能及安全操作规程，要进行试割，并对机器进行调整和保养，然后才能正式使用。

2. 在作业时要严格按照机器标志的生产率操作机具

有的产品是以单位时间和公斤标示，还有用行走速度标示。由于青贮收割机不仅切割同时还要粉碎，而粉碎部分的工作效率直接影响整个机器的工作效率，有人错误认为机器马力大，于是就超极限的使用，这不但会过早损坏机器，还会耽误黄金收割期，这对服务对象和经营者都不利。所以，要按田间的实际产量和机器给定的生产率来确定机器的行走速度。

3. 收割作业前应对作业地块进行必要的准备工作

首先要平整地块中所有的田埂，使其高度不超过 10cm，以免发生收割机的割刀和护刃器损坏，要捡拾地表的铁丝、铁块及其他硬物，以免损坏机器的粉碎部件。

4. 种植适合青贮的多穗玉米品种

这种玉米产量高，易收割。虽然 S704 产量高，但分蘖少，秆子粗，不易收割。由于青贮玉米播种时间比较集中，收获时间也很集中，如果机器配备不能满足作业峰值期的需求，则后期收割的玉米只能是黄贮，这很不划算。因此，要求青贮玉米播种时间适当错开，以便拉长收割期。还有要按青贮玉米收割作业的峰值工作量来配备机器，一般按正常作业的 30% 增大配备量。

5. 搞好青贮玉米收割的组织工作

从了解到的情况看，机器使用效率不十分满意的主要原因是生产组织不当。一是农户种植面积小，机械作业的空闲时间大于纯作业时间，机器转弯和空行多，等拉运车的时间长，机器利用率低；二是操作者仓促上阵，没有进行培训，对机器性能不了解，操作失误造成人为故障多；三是销售商急于抢占市场，摊子铺得很大，战线拉得长，售后服务工作跟不上。因此，青贮玉米的种植应尽快实现规模经营，用户在机器选型时要多向专家咨询，销售商要立足长远，实现精品服务。

6. 做好收割前的各项准备工作

（1）操作人员要仔细阅读说明书，认真了解机具结构、性能和使用方法。

（2）驾驶操作人员要参加专业技术培训，熟练掌握安全操作知识。

（3）青贮收获机作业前要进行调试和保养，要进行试收割后方可正式投入使用。

（4）要提前对青贮玉米地块进行渠、埂平整和安全检查，避免地块中的铁丝、铁块等硬物对青贮收获机造成损坏。

（5）要与青贮玉米地块的主人进行沟通，查看作业地块内有无天然气管道、地缆线、水井等障碍物，同时要插设警示标志。

（6）在青贮收获作业现场周围要设置安全警戒线和安全标志，并组织专人看护，禁止无关人员进入作业现场，避免发生人身伤亡事故。

（7）青贮收获机要配备合格有效的灭火器。

7. 收割过程中的注意事项

（1）驾驶操作人员严禁穿拖鞋，严禁吸烟和酒后驾车，严禁疲劳驾驶机具。

（2）驾驶操作人员要严格按照使用说明书的要求进行作业。

（3）青贮收获机驾驶员要与负责拉运青贮的车辆驾驶员密切配合，一旦发现紧急情况，相互间要以鸣笛或其他方式迅速报警。

（4）当青贮收获机停车后要及时检查机具有无漏油现象，及时清理散落在机具上的尘土、杂草和玉米秸秆残叶，利于发动机散热，避免出现火灾事故。

（5）如遇天气干燥炎热，要避免发动机长时间工作，以免因发动机过热而引发火灾。

（6）出车前和收车后，驾驶员要及时对青贮收获机进行清理和保养，并对连接件进行检查，避免由于零配件松动引发安全生产事故。

二、青饲收获机结构特征与调整

青饲收获机主要由割台、喂入装置、切碎抛送装置及液压控制系统等构成。作业时直立的玉米植株被大拨禾轮拨向切割器，以利切割，并同时将割下的玉米植株拨向输送链耙及喂入搅龙，搅龙将玉米植株集中后输送给喂入装置，经喂入装置的两组卧式喂入辊压扁并喂入至切碎装置进行切碎，最后切碎的饲料经抛送筒抛送到饲料运输车上。

（一）割台的组成和调整（图7-3）

1. 大拨禾轮

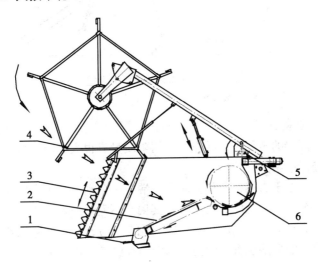

图7-3　Q4-01青饲料收获机割台结图意示构

1. 切割器　2. 链耙　3. 侧刀　4. 大拨禾轮　5. 小拨禾轮

6. 搅龙　━━▶部仲运动方向　▷▷植株输送方向

作业时大拨禾轮将直立的玉米植株拨向切割器，以利切割，并同时将割下的玉米植株拨向输送链耙及喂入搅龙，拨禾轮的高低位置应根据田间作物生长状况进行调整（图7-4），以利于提高作业质量和减少收获损失。拨禾轮的高低位置，一般以拨板在最低位置时拨在植株高度的2/3处为宜。

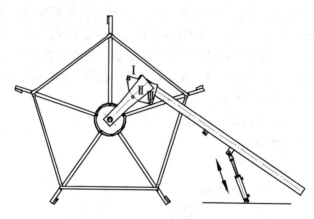

图7-4 大拨禾轮高低的调整

1. 大拨禾轮 2. 旋转臂 3. 油缸

2. 切割器

切割器的装配技术状态，对切割质量有很大影响，应经常检查并进行调整。

动刀处于右端极限位置时，右端第一个动刀片中心线应与右端第一个定刀片的中心线重合，其偏差不大于3mm，调整方法是改变刀头与弹片之间的相对位置（图7-5），使摆环箱的摆臂也处于相应的极限位置。动刀片与定刀片的工作面应贴合，其前端间隙不大于0.4mm，后端间隙不大于0.6mm。

3. 割台大拨禾轮挂轮机构（图7-6）

大拨禾轮挂轮机构是根据换挡齿轮箱的挡位是相关的，如果换挡齿轮箱挂挡位置在Ⅲ挡位置（扎切长度为25mm），大拨禾轮相对应的也应该出在挂轮的三挡位置，以此类推。如果不是这样，则引起大拨禾轮转动过快或过慢的现象，影响做业。

4. 输送链耙

链耙的作用是把割下的作物输送至搅龙，链耙的张紧要适当，链耙的紧度可以用手将链耙中部提起高度为 20～35mm 为

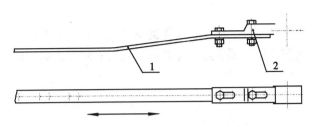

图 7 – 5　弹片的调整

1. 弹片 2. 刀头

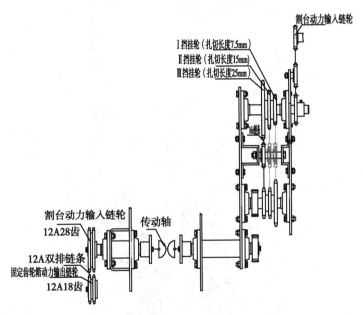

7 – 6　割台大拨禾轮挂轮机构示意

宜，调整后的链耙左右链条的紧度应一致（调整方法：分别调整链耙被动轴上的 4 个螺栓，直到各组链耙松紧适宜）。

5. 搅龙

搅龙的作用是把链耙输送来的植株往中间集中并送往喂入装置。搅龙需要调整部位是搅龙叶片与底板的间隙，该间隙一般为15～20mm。

（二）喂入装置

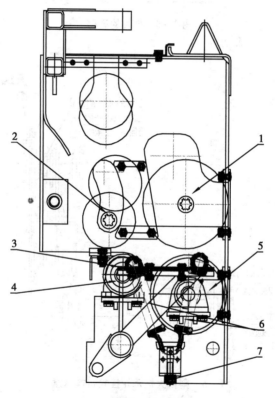

图7－7　喂入装置示意

1. 前上喂入辊 2. 后上喂入辊 3. 橡胶垫 4. 后下喂入辊 5. 前下喂入辊 6. 弹簧 7. 调整螺栓

该喂入装置由上二下二组喂入辊组成。两个上喂入辊是随喂入物料层厚度的变化而浮动的，喂入装置的作用是将搅龙输送来的物料压扁压紧并均匀喂入至切碎装置中。该装置的调整部位是两个上喂入辊压扁压紧力的大小，用调节弹簧的拉力来实现（图7－7）。弹簧拉得太紧或太松都影响喂入效果。调整时松开调整螺母，然后转动上面的螺母，以拉紧弹簧，非工作状态时，弹簧张紧后弹簧簧丝之间的间隙5mm为宜。

（三）切碎、抛送装置

刀轴滚筒是切碎装置是青饲料收获机的重要部件。切碎装置由动刀、刀辊、抛送风机、定刀、外壳及抛送装置组成。其功能是将喂入装置送来的物料切碎并沿一定的方向抛送出去。其调整部位是动、定刀间隙，该间隙一般为0.5～0.8mm。切碎装置的动刀片是以人字形的形式均匀地排列在刀轴棍子上面；刀片的数量为24片，分为左、右方向的两种形式。更换刀片时，为保证转动平衡应在刀轴辊子上对称更换。切碎装置转数为1 200转/分钟，由于切碎装置转数较高，转动不平衡后，容易产生强烈的震动而影响工作质量和机器的使用寿命。

更换刀片时，固定住刀轴辊子不能让其转动，卸下螺栓和螺母后更换上新刀片，新刀片位置首先大约应与旧刀片位置一致，螺栓的拧紧力矩为189～252N/mm。然后手动转动刀轴辊子，看看是否转动自如，如果有卡滞的现象，应重新调整、安装。

（四）液压系统

液压系统由转向和操纵3个子系统组成。转向系统用于控制转向轮的转向；操纵系统用于控制割台升降、拨禾轮升降、无级变速。电磁阀操作系统控制抛送筒摆动、抛送筒升降、抛撒板摆动。转向操控系统用于操控机器的转动。3个子系统共用一个液压油箱总成和独立的3个液压油泵，此外还有全液压转向器、转向油缸、多路换向阀、割台升降油缸、抛送筒摆动油缸、拨禾轮升降油缸、行走无级变速油缸等元件。

1. 齿轮油泵

齿轮泵是一个三联泵，齿轮油泵安装在发动机正时齿轮箱体上，由发动机直接驱动。在正常传动下油泵漏油（内卸或外卸）或供油量显著下降，常常是由于油泵齿轮和轴承严重磨损或卸压片上的橡胶密封圈损坏，或泵盖和泵体间密封失效（密封圈老化或连接螺栓松动）造成，此时可能引起齿轮泵长期吸油不足或吸不上油，引起轴承摩擦副和齿轮啮合副干摩擦增温和尖叫声，必须及时检查维修。

造成以上后果的主要原因如下。

（1）液压油清洁度低。

（2）油箱滤网不按时清洁或滤芯用脏后没有及时更换，使油路中的液压油杂质过多，造成泵体不能正常工作。

（3）低温启动后不经小油门低速空负荷运转预热，液压油还未增温 30 ~ 60℃ 时进入大油门全负荷工作；或油箱液压油容量低于20L而油温高于60℃。

（4）系统堵塞时多路阀中的溢流阀卡死不卸压。

在更换卸压片外橡胶密封圈时，应保证 0.2 ~ 0.6mm 的预压量。导向钢丝以装配后齿轮正转（带动轴套转动）时两轴的结合平面（削平面）紧贴而把间隙消除为准。否则，将导致严重内泄。

2. 液压油箱

液压油箱位于发动机前左侧上方，具有储油、滤清和散热功能。它主要由油箱体回油滤清器安全阀、油箱空滤器等组成。

使用液压油箱时应注意以下几个问题。

（1）按前述规定给新机器或更换液压油后液压油箱加油，应确保液压油型号、清洁度和液面高度（工作时不低于油箱上平面80mm）符合规定要求。

（2）工作中，特别是在更换油后的油箱，管路中应无气泡，否则，应检查与其管路连接处是否密封，或系统原因，直到排除为止。

（3）定期清洗或更换回油滤清器和油箱空滤器滤芯，清洗时不准随意调整回油滤清器内安全阀弹簧紧度，必要时在液压试验台上调整。试运转完后必须清洗回油滤清器。

3. 全液压转向器

该阀为 BZZ-100 型全液压转向器，置于驾驶台下，与转向盘总成转向柱相连。该转向器是由随动转阀和一对摆线齿轮啮合副组成的一种摆线转阀式全液压转向器。转向器的四个油口分别与单路稳定分流阀、转向油缸左右腔口和油箱回油口相连。单路稳定分流阀途中三通折转回油箱（往低压方向流）。动力转向时，油泵来油经随动阀进入摆线齿轮啮合处，推动转子随转向盘转动，并将定量油压入油缸左腔或右腔，推动导向轮实现动力转向，油缸另一腔的油则回油箱。

发动机熄火后靠人力操纵方向盘，通过阀芯拨销，联动驱动转子将转向油缸一腔的油压入另一腔，推动导向轮实现人力转向，油缸两缸的容积差可通过回油口由油箱补给。

（五）换向齿轮箱

链耙、拨禾轮、铡刀和喂入棍的动力输入都是通过换向齿轮箱传递的。它的作用是在割台发生堵塞时通过换向齿轮箱使链耙和绞龙反转，把堵塞的秸秆推出，重新喂入，然后使机器再正常工作。如发生链耙和搅龙打滑，可以通过调整换向齿轮箱里面的调整螺母来实现（图7-8）。调整摩擦片的间隙时，松开调整螺母上面的螺钉，顺时针转动调整螺母，转动调整螺母时，注意观察摩擦片的间隙，调整到位后，把调整螺母上面的螺钉锁紧，防止调整螺母松动。齿轮箱的正反转是通过Ⅰ轴和Ⅱ轴上面的齿轮1. 齿轮2. 齿轮3. 齿轮4. 齿轮5. 来进行的。滑动套通过拨叉轴带动拨叉，压紧齿轮 1. 齿轮 2 和齿轮 3 端的摩擦片时，勾头键把摩擦片压紧，带动齿轮 1. 齿轮 2 和齿轮 3 转动，此时的转向为正传（逆时针转动）；滑动套压紧齿轮 4 与齿轮 5 端的摩擦片时，勾头键把齿轮 4 与齿轮 5 端的摩擦片压紧，带动齿轮 4 于齿轮 5 转动，为反转（顺时针转动）滑动套处于中立位置时，不压动勾头键，摩擦片不动作，此时，齿轮箱处于不传动动力状态。

调整扎切长度时，可以搬动齿轮箱外面的换挡杆位置来调整扎切长度。如图 7－8 所示。搬动到竖直位置为扎切长度最短状态，扎切长度为 7.5mm 左右；换挡杆搬动到齿轮侧，扎切长度为最长状态，扎切长度为 25mm 左右；换挡杆搬动到传动轴侧，扎切长度为中段长度，扎切长度为 15mm。扎切长度确定好后，通过换挡杆上面的机构固定好换挡杆防止其脱开，影响机器工作。

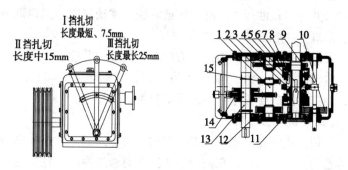

图7－8　换向齿轮箱示意

1. Ⅱ轴 2. 齿轮 1 3. 滑套 4. 调整螺母 5. 摩擦片 6. Ⅰ轴 7、齿轮 2 8、勾头键 9、拨叉轴 10、齿轮 3 11. 齿轮 4 12.31 齿齿轮 13. Ⅲ轴 14. 三联齿轮 15.25 齿齿轮

（六）驾驶台（图 7－9）

在驾驶员座位周围设有收获机操纵机构和各种仪表装置。

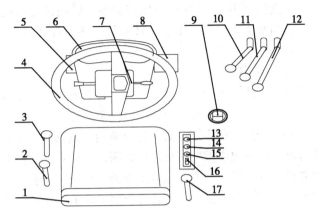

图 7 – 9　驾驶台示意图

1. 座椅　2. 喂入机构换向手柄　3. 手油门拉线控制手柄 4. 方向盘总成　5. 行走离合器踏板 6. 仪表盘 7. 钥匙熄火 8. 制动器踏板　9. 变速杆 10. 无级变速手柄　11. 割台升降手柄 12. 拨禾轮升降手柄 13. 抛射筒升降按钮 14. 抛射筒摆动按钮 15. 抛射筒顶端油缸控制按钮　16. 主离合器按钮 17. 手刹控制手柄

1. 座椅
可前后调整与方向盘的距离。

2. 喂入机构换向手柄
用来在作业或转移中操纵喂入机构的正常喂入和倒转。

前推到底—喂入机构正常喂入；

拉到中位—喂入机构动力断开；

后拉到底—喂入机构倒转。

3. 手油门拉线控制手柄
在工作状态控制油门的大小。

4. 方向盘总成
方向盘与转向机总成相连，用于转向，转向机与 FLD – 7. 5

单路稳定分流阀、BZZ－100全液压转向器、转向油缸等组成转向系统。方向盘上有喇叭、雨刷、转向灯、前大灯（远、近光）示宽灯、刹车灯。

5. 行走离合器踏板

用于分离变速箱离合器（常压式）。踏下该踏板，变速箱离合器分离，变速箱输入轴动力被切断。行走离合器踏板应有30～50mm的自由行程（确保分离轴承与分离指自由间隙2～3mm）。行走离合器的操纵也应遵守快离慢接原则，即离合器分离时，要迅速将其踏板踩到底；结合时则应缓慢松放踏板。离合器分离时间不应太长，更不允许常把脚放在离合器踏板上，使离合器呈半结合状态。

6. 仪表盘

仪表板放置在驾驶室方向盘的下方，设有油量表、水温表、发动机转速表。仪表下设有水温报警、油压报警等。用于观察机具在行进和作业过程中的各项指标。

水温表：显示冷却水出水温度。正常工作温度在60～90℃，超过90℃则水温报警灯亮，同时有报警声。

油量表：用于显示柴油油箱里面的油量多少。

发动机转速表：显示发动机转速。根据转速表可以记录发动机的工作时间（小时）来指导维护工作。

油压表：油压表是检测发动机主油路机油压力，额定工况时为0.3～0.5MPa；怠速时不低于0.05MPa，低于0.05MPa时油压报警器灯亮，同时，有报警声。

7. 熄火钥匙

用于发动机断油熄火。

8. 制动器踏板

用来制动行驶中的收获机。制动器踏板应保证有10～15mm自由行程。在行进中制动时，尾灯下部刹车灯亮。行驶制动时踩下制动器踏板。

9. **变速杆**

用于操纵变速箱不同变速齿轮副啮合，从而实现收获机行驶有级变速。本机设 5 个前进挡和一个倒退挡。

变速时，必须首先踩下行走离合器踏板，然后再拨动变速杆。操纵变速杆须配合协调，达到快速、平稳、无声，决不允许硬挂、猛碰，若挂不上挡，可将变速杆拨回空挡位，松开行走离合器踏板，然后再踩下，重新挂挡。

10. **无级变速操纵手柄**

用来实现各挡位无级变速。操纵手柄缓慢连续多次完成。严禁狠压狠提，引起脱带和冲击。

前推—油缸活塞杆收缩—趋快；

松手—手柄自动回中立位置—速度固定；

后拉—油缸活塞杆拉长—趋慢。

本机行走速度的调节是机械和液压相结合，行走速度可在 0 ~ 20km/h 之间实现无级变速。

11. **割台升降手柄**

用来在作业和转移中操纵割台上升和下降。

前推到底—割台上升；

松手—手柄自动回中立位置—割台位置固定；

后拉到底—割台下降。

12. **拨禾轮升降手柄**

用来控制拨禾轮的高低位置，适应秸秆的高度。

13. **抛射筒升降按钮**

按一次抛射筒升起进入工作状态，再按一次抛射筒落下。

14. **抛送筒摆动按钮**

用来控制抛送筒抛送方向的调整。

后拉—抛送筒左转；

松手—手柄自动回中立位置—抛送筒位置锁定；

前推—抛送筒右转。

15. 抛射筒抛撒板油缸控制按钮

用来控制抛射筒顶端油缸的伸缩，从而控制物料的方向。

16. 主离合器按钮

用来控制机组所有工作部件的运转和停止。

前摁—接合动力—运转；

后摁—分离动力—停止运转。

17. 手刹控制手柄

驻车制动，采用手制动装置，此时应将手制动操纵手柄提起并锁住，完成停车制动。在起步前必须解除手制动！

当发动机水温低于50℃时，可以熄火。要使发动机停止工作，先将油门踏板松放到自由状态，然后上提熄火操纵手柄，发动机停止工作，然后复位，以备下次启动。

（七）底盘部分

底盘部分是由行走无级变速装置、驱动轮桥等组成，在行走无级变速轮和变速箱的配合下，可使收获机获得 0～20km/h 前进速度和 3.62～8.03km/h 的倒退速度，在转向轮桥和液压转向器的配合下，可使收获机实现小的转弯半径。

1. 行走无级变速装置（图7-10）

行走无级变速装置位于机器的左侧，它包括无级变速油缸、定盘、动盘、主动带轮、固定架焊合等，固定在底盘上，是采用改变两级皮带传动比实现无级变速。

当驾驶员操纵无级变速手柄时，变速油缸伸缩使动盘移动，从而使无级变速轮直径变大或缩小，通过 HM3160 三角带带动前桥齿轮箱的带轮直径缩小或变大，达到变速目的。工作中当驾驶员前推无级变速手柄时，油缸活塞杆收缩，为增速；反之为减速。

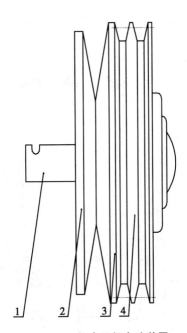

图 7-10 行走无级变速装置

1. 无级变速缸杆 2. 动盘 3. 定盘 4. 主动带轮

使用维护无级变速轮应注意以下问题：

（1）操纵变速手柄必须轻轻点动，使油缸活塞杆缓慢伸缩，变速平稳过渡。严禁猛动操纵杆，以免拉断变速箱输入轴，或拉断行走中间轴，或引起无级带翻滚跑带。

（2）无级变速 V 带 HM3160 张紧度应调整适度，一般检查时用 125N 的压力压任意一根带的中部，胶带的挠度为 16 ~ 24mm。如果不符合要求应及时调整，在调整过程中应用手不断转动无级变速轮，使胶带能尽快滚入轮槽工作直径部位中，严禁调紧超限度，否则有可能使变速箱输入轴变形碰撞离合器壳或折断。

（3）在拆装无级变速轮时，应注意定轮和动轮轮毂原装位置记号"0",严禁调位,否则将影响带轮的平衡,引起较大振动。

2. 驱动轮桥

驱动轮桥由带离合器和差速器的变速箱、边减速器等组成(图7-11)。

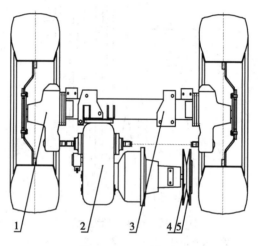

图7-11 驱动轮桥

1. 边减 2. 无级变速齿轮箱 3. 前桥主梁 4. 定盘 5. 动盘

(1)小制动器。为了克服离合器分离后输入轴转动惯性,以便顺利换挡,在变速箱输入轴端设有小制动器。小制动器和行走离合器之间通过一条油管连接,实现两者同步联动分离—制动过程。小制动在工作中能使分离彻底,无尖叫声,换挡无齿轮撞击声,结合平稳。

(2)变速箱。变速箱又名中央传动轴,置于离合器之后,将变速齿轮和差速器合而为一。变速箱设有4个前进挡和一个倒退挡,由两对3个滑动齿轮在变速杆和推拉软轴作用下完成变速。差速器为 130 汽车借用件，由四个直齿圆锥行星齿轮组成。变速箱壳体内机油应定期更换，油面不应超过或低于检视螺孔位（油位低会影响飞溅润滑，油位超高容易窜入离合器引起打滑），变速箱工作时油温不应超过 70℃。

在换挡时往往由于不到位而脱挡，此时应调整换挡推拉软轴，调整方法是停车空挡状态下，拧转在驾驶台下边换挡槽后调整螺母，以保证空挡 38、41mm 的间隙，并向各挡位扳动是否到位。

（3）边减速器。边减速器由半浮式左半轴和右半轴、左右边减内啮合齿轮传动副、驱动轮等组成。边减在安装时应注意螺栓的拧紧力矩达到规定的拧紧力矩。在工作中注意检查和按规定润滑，保持轴承良好技术状态。工作中注意检查轮辋固定螺栓和前桥管梁大轮轴固定螺钉，以防松动窜轴和窜轮胎。

本机采用驱动轮为 16.9～34 驱动轮胎和 12～18 转向轮胎，常用充气压力 0.18～0.2MPa（1.8～2kg/cm²），接地压力为 0.1MPa（1kg/cm²）使之能下较潮湿的地块工作。

3. 转向轮桥

转向轮桥用销轴交接在机体后管梁上，在不同地形和道路条件下支撑联合收获机后部重量，主要结构是，两个转向轮用转向梯形连接起来，而转向梯形由转向拉杆、转向桥梁焊合等组成。转向梯形受转向油缸作用完成行走转向。油缸由转向盘、液压转向器控制。

转向轮固定在转向节总成上，转向节总成由转向节焊合、轮毂等组成。

为了提高转向轮直线行使稳定性，便于安全操纵和减轻轮胎磨损，设计保证转向轮外倾角为 2°，前束值为 6～12mm。

对转向轮桥的使用维护应注意以下问题。

（1）转向轴上的两个锥形轴承应定期检查轴向间隙，此间隙调整为 0.1~0.15mm。

（2）转向拉杆两端的球铰必须定期检查螺母是否紧固，松动时应按规定拧紧，并用开口销锁住。

（3）定期检查前束，必要时进行调整。调整方法是：在通过两轮轴心水平面上检查轮胎两个位置收敛值，即检查一个位置的前束后，再将转向轮前转180°，再检查另一位置的前束。应确保前束值6~12mm，否则调整转向横拉杆长度。

第四节 青饲收获机的维护和保养

正确的技术维护，是预防收获机故障，确保优质、高效、低耗、安全工作的重要条件，认真、仔细、及时地进行技术保养，是使青饲料收获机处于完好技术状态、充分发挥机器的功效、延长使用寿命的重要环节。对此，必须及时、认真仔细地按下述规定维护内容执行。

一、收获机的维护和保养

（一）日保养

（1）每天工作前必须彻底清理机器上面残留的玉米叶、碎茎秆以及附着物等。特别是要彻底清除喂入棍、切碎滚筒、抛送筒上面的杂物以及发动机水箱上面的附着物。防止通风不畅，造成不必要的损失。

（2）每天工作前必须清理空气滤清器滤芯上面的杂物。

（3）每天工作前必须用压缩空气清理水箱散热器夹缝中的尘土茎叶等杂物，防止发动机过热和功率下降。

（4）每天工作前必须清理切割器上面的泥土杂物等，并检查是否有损坏的刀片，并及时更换。以防止在工作中由于杂物过多，或损坏的刀片在运动中经常发生卡滞现象，则造成摩擦力增大，使摆环箱扭矩过大，造成割台震动剧烈，从而造成不必要的损失。

（5）检查喂入辊、铡草机各处的刀片和轴承是否松动，各处的张紧是否合适，发现故障应立即排除，避免造成损坏机器或造成人身伤害。

（6）检查液压油箱的油位于各处接头、法兰盘连接情况，发现油量不足要及时添加，漏油要及时修复。

（7）检查发动机地壳和燃油油箱的油位及水箱的水位，必要时添加。

（8）检查电气线路的连接和线路，发现损坏和接触不良及时排除。

（9）检查方向盘及刹车机构的可靠性，发现问题时应及时修复，严禁带问题作业。

（10）在工作中，应经常注意油温、油压、电流表、水温等工作是否正常。

（11）所有需要加注黄油润滑点每天需加油一次，以保证回转部位的正常运转。

（二）润滑

收获机的一切回转部位均需要及时，仔细和正确的润滑，以提高收获机的可靠性和延长机器的使用寿命。

（1）有关发动机的润滑与保养，可参考发动机的使用说明书的规定来进行。

（2）经常检查轴承的密封情况，发现漏油应及时修理或更换。

（3）收获机上面的全部链条每天要用机油润滑一次，最好用毛刷刷油。润滑链条时，必须机器停止运转。每一个作业季节卸下链条，放在柴油中清洗一次，待干后，再放到加热的机油中浸 15～20 分钟。

（4）每隔半月左右的时间应检查一次前桥变速箱和边减中的油位，油位底时应加到位置。

（5）前桥变速箱和行走无级变速器动盘的润滑，除按要求润滑外，还应该注油适量，油过多会进入离合器摩擦片上，使离合器打滑，失去其功能。摩擦片上沾上油污应用汽油清洗干净，晾干后再装入离合器。

（三）传动装置的使用和保养

为了延长 V 形带的使用寿命，在使用中应注意以下几个问题。

（1）装卸 V 形带时应将张紧轮固定螺栓松开，或将无级变速张紧螺栓和栓轴螺母松开，不得硬将传动带撬下或逼上，必要时，可经转动皮带轮将胶带逐步盘下或盘上，但因胶带制造公差问题，不要太勉强，以免破坏胶带内部结构和拉坏轴。

（2）安装带轮时，同一回路中带轮轮槽对称中心面（对于无级变速轮，动轮应处于对称中心面位置）位置度偏差不大于中心距 0.3%。

（3）要经常检查胶带的张紧程度，新胶带在刚使用的头两天易拉长，要及时检查调整。多槽带胶带属于组配带，同组内胶带内周长之差不允许超过 8mm，更换时应更换一组。

（4）机器长期不使用，胶带应放松。

（5）胶带上不要弄上油污和油漆，沾有油污时应及时用肥皂水进行清洗。

（6）注意胶带工作温度不能过高，一般不超过 50～60℃（手能长时间接触）。

（7）V 形带应以两侧面工作，如带底与带轮槽底接触摩擦，说明胶带或带轮已磨损，经检查更换。

（8）经常清理带轮槽中的杂物，防止锈蚀，减少胶带和皮带轮的磨损。

（9）皮带轮转动时，不许有过大的摆动现象，以免降低胶带寿命。发现皮带轮摇摆转动时，要检查轴和皮带盘是否磨损变形或装歪斜，检查轴承是否磨损。

（10）皮带轮缘有缺口（铸件）或变形张口（冲压件）时，应及时修理更换。

（四）链条的使用和保养

（1）在同一传动回路中的链轮安装在同一平面上，其轮齿对称中心面位置度偏差不大于中心距的0.2%。

（2）链条的张紧适度，既保证松边用手能从原来位置拉开20~30mm的距离。如果链条的张紧机构已调到极限位置，可采取去掉或增加链节的方法来改变链条的长度。

（3）安装链条时，可将链端绕到链轮上，便于连接链节。连接链节应从链条内侧向外穿，以便从外侧装连接板和锁紧固件。注意：链条的弹簧卡片的开口方向应与链条的运动方向相反，防止链条在运动中发生磕碰或者挂动杂物时造成弹簧卡片松开，使链条损坏。

（4）链条使用伸长后，如张紧装置调整量不足，可拆去两个链节继续使用。如链条在工作中经常出现爬齿或跳齿现象，说明节距已增长不能继续使用，应更换新链条。

（5）拆卸链节冲打链条的销轴时，应轮流打链节的两个销轴，销轴头如已在使用中撞击变毛时，应先磨去。冲打时，链节下应垫物，以免打弯链板。

（6）链条应按时润滑，以提高使用寿命。但润滑油必须加到销轴与套筒的配合面上。因此，应定期卸下润滑。卸下后先用煤油清洗干净，待干后放到机油中或加有润滑脂的机油中加热浸煮20~30分钟，冷却后取出链条，滴干多余的油并将表面擦净，以免在工作中黏附尘土，加速链传动件磨损。如不热煮，可在机油中浸泡一夜（链条的清洗润滑是延长寿命的有效方法）。

（7）链轮齿磨损后可以反过来使用，但必须保证传动面安装精度。

（8）新旧链节不要在同一链条中混用，以免因新旧节距的误差而产生冲击，拉断链条。

（9）磨损严重的链轮不可配用新链条，以免因传动副节距差，使新链条加速磨损。

（10）机器存放时，应卸下链条，清洗涂油装回原处，最好用纸包起来，垫放在干燥处。链轮表面清理后，涂抹油脂防止锈蚀。

（五）轮胎的使用和保养

（1）每天在收获机工作前，要按规定检查轮胎的气压，轮胎气压与规定不符时，禁止工作，以克服工作中偏重，测试轮胎气压应在轮胎冷却状态。

（2）轮胎不准沾染油污和油漆。

（3）收获机每天工作后要检查轮胎，特别应清理胎面内侧粘积泥土（以免刽挤变速箱输入带轮和半轴固定轴承密封圈），检查轮胎有无夹杂物，如铁钉、玻璃、石块等。

（4）夏季作业因外胎受高温影响，气压易升高，此时禁止降低发热轮胎气压。

（5）当左右轮胎磨损不均匀时，可将左、右轮胎对调使用。

（6）安装轮胎时，应在干净的地面进行。安装前，先把外胎的内面和内胎的外面清理干净，并撒上一薄层滑石粉，然后将充50%气的内胎装入轮胎内，要注意避免折叠。将气门嘴放入压条孔之后，再把压条放在外胎与内胎之间，装入轮辋内。为使配合严密，可先将轮胎气压超注20%，然后降到规定气压值。

（7）机器长期存放时，必须将轮胎架空。

（8）严禁在充气状况下拆卸驱动轮内外轮辋固定螺栓，否则飞出伤人！

二、收获机的保管和储运

收获机的正确保管是延长机器使用寿命，确保机器保持稳定工作效率和作业质量的重要环节。对此，应按以下方法保管：

（1）保管的第一步是清扫机器：先打开机器的全部监视孔盖，清扫各部位的残存物。清扫完后，将机器发动且带动工作装置高速运转 5～10 分钟，以排尽残存物。之后用压力水清洁机器外部。

（2）在拆卸和检查收获及时，如果发现零件或部件需要更换时，应换上备用零部件。

（3）在保管前和保管期，对收获机进行全面维修。

（4）按润滑图、表和柴油机使用说明书进行全面润滑，然后用中油门将机器空转一段时间。

（5）按柴油机使用说明书进行保管。

（6）取下全部 V 形胶带，检查是否因过分打滑和老化造成的烧伤、裂纹、破损等严重缺陷，若有应予更换。能使用的胶带应清理干净，抹上滑石粉挂在阴凉干燥的室内，系上标签，妥善保管。

（7）卸下链条清理干净，并在 60～80℃ 的机油中加热进行润滑，然后存放入库。

（8）卸下电瓶，进行专门保管，每月充电一次，充电后应擦净电极，涂以凡士林。

（9）在未涂漆的金属表面以及工作过程受摩擦的地方及各调节螺纹等摩擦副应涂润滑脂或防锈油，其余脱漆处应补刷好。

（10）保护好仪表箱、转向盘及其综合电器开关、排气管出口等，易进雨雪的地方应加盖蓬布封闭。

（11）支起收获机，轮胎放气至 0.05MPa，防止日晒雨淋。

（12）收获机在冬天停放时，发动机和水箱都应该防水，具体方法可以参考发动机使用说明书，否则将冻坏发动机水箱等。

（13）在保管中，隔一定时间，将多路阀操纵杆上下扳动10～20次。

（14）清理好备件和工具，检查收获机各部位情况，并记入档案。

（15）收获机吊装应按机器上吊装标牌执行，运输时将四个轮胎用铁丝前后"八"字固定，并将后桥梁用铁丝拉住。

第五节　青饲收获机的常见故障与排除

一、液压系统的故障分析及排除方法（表7-2）

表7-2　液压系统的常见故障分析及解决方法

故障现象	故障原因	解决方法
行走无级变速不稳定	1. 液压油少 2. 液压油滤清器堵塞 3. 液压系统漏油 4. 速度控制杆不在正常位置	1. 检查有无漏油，加油 2. 更换滤清器部件 3. 检查油路，修复 4. 将控制杆移动到正常位置，调整连杆
转向不灵活或失灵	1. 液压油少 2. 液压泵零件有损坏 3. 转向器出故障 4. 液压油滤芯器堵塞	1. 检查有无漏油，加油 2. 检查油泵，修理 3. 检查转向器，修理 4. 更换滤芯器部件
液压系统过热	1. 空气冷却通道或发动机散热堵塞 2. 液压油少 3. 电磁阀有问题，一直高压工作 4. 换向阀不回位，一直高压工作 5. 液压油滤芯器堵塞	1. 清除冷却通道或散热器里面的杂物 2. 检查有无漏油，加油 3. 检查电磁阀，修理 4. 检查换向阀并修理 5. 更换滤芯部件
液压系统中液压油消耗较大	接头较松或液压软管、组合垫、O型圈有渗漏	拧紧接头或更换损坏的液压管，组合垫、O型圈

续表

故障现象	故障原因	解决方法
液压系统工作不良	1. 溢流阀（安全阀）有问题 2. 液压油供应不足 3. 进油管路堵塞 4. 液压泵损坏	1. 检查修理 2. 向系统加入适量的液压油 3. 清洁进油管，或更换 4. 检查修理
电磁阀控制失灵	1. 密封圈损坏 2. 液压油不足 3. 电磁阀接地不良 4. 阀门阀芯卡死，不动作	1. 更换密封圈 2. 加入适量液压油 3. 检查线路，修复 4. 更换液压油、滤芯，清洗液压阀
电磁阀外漏	密封圈损坏	更换密封圈
割台上升. 下降太快或太慢	1. 截流阀阀片卡死或节流阀装反 2. 油管漏油	1. 检查修复 2. 更换或修复
割台在高位不能下降	1. 液压操纵阀损坏 2. 操纵杆卡死	1. 修理 2. 检查修理
抛送筒马达时断时续或转动太慢或根本不转	1. 液压操纵阀损坏 2. 回转部位润滑不好	1. 修理操纵阀 2. 润滑回转部位
电磁离合器工作不正常	1. 接地情况不良好 2. 碳刷磨损过度	1. 修理。 2. 更换碳刷

二、电器、显示仪表和监视系统（表7-3）

表7-3 电器、显示仪表和监视系统常见故障及解决方法

故障现象	故障原因	解决方法
接通电源起动机不转	1. 蓄电池存电不足，导线接触不良 2. 电刷接触不良或过度磨损，弹簧过软 3. 电磁开关触点烧蚀，接触不上整流子表面严重烧蚀	1. 充电或更换蓄电池，清除赃污，紧固导线 2. 研磨电刷，改善接触面或更换电刷，调整间隙 3. 车光或磨光整流子表面
起动机转动无力	1. 蓄电池电量不足 2. 电刷接触不良或过度磨损，弹簧过软	1. 充电或更换蓄电池，清除赃污，紧固导线 2. 研磨电刷，改善接触面或更换电刷，调整间隙

续表

故障现象	故障原因	解决方法
起动机空转	1. 驱动齿轮与齿圈没有啮合 2. 拨叉脱钩 3. 拨叉柱锁为装入套圈	1. 调整偏心螺栓的偏心位置 2. 修复 3. 重新装入
充电机不充电	1. 仪表盘充电指示灯不亮 2. 发动机正常工作时仪表盘充电指示灯不灭 3. 发电机硅二极管击穿	1. 检查是否接触不良或更换灯泡 2. 检查充电指示灯至发动机端连接线是否脱落，重新安装 3. 更换
发电不稳定	1. 发电机皮带过松 2. 电刷与滑环接触不良或过度磨损	1. 调整张进度 2. 研磨接触面，磨损严重应更换电刷
仪表无指示	1. 仪表保险丝熔断 2. 线路断路、短路、松动或者接线处被腐蚀 3. 仪表损坏 4. 感应塞损坏	1. 更换保险丝 2. 正确接线并紧固或更换 3. 更换新表 4. 修理或更换
灯光暗淡	1. 线路中电阻太大或灯接地不良 2. 开关接触不良	1. 检查接地线和到断路器的电路 2. 更换开关
灯不亮	1. 线路断开或保险熔断 2. 灯开关损坏 3. 灯接地不良 4. 灯损坏	1. 排除短路或断路，更换保险丝 2. 更换开关 3. 检查、修理、紧固接地线 4. 更换灯泡

三、割台部分的故障及排除方法（表 7 - 4）

表 7 - 4　割台部分的故障及排除方法

常见故障	故障原因	排除方法
切割器堵塞	1. 石块、木棍、钢丝等硬物 2. 动、定刀片切割间隙过大引起切割夹草 3. 刀片损坏 4. 割茬过低而使刀梁上拥土	1. 停车排除硬物 2. 调整刀片间隙 3. 更换刀片 4. 提高割茬和清理积土

续表

常见故障	故障原因	排除方法
作物在割台、搅龙上架空，喂入不畅	收获机前进速度偏高	降低收获机前进速度
拨禾轮翻草	拨禾轮位置太低	提高拨禾轮位置
被割作物向前倾倒	1. 收获机前进速度偏高 2. 三角带打滑，拨禾轮转速偏低 3. 切割、器上拥土 4. 传动待打滑，切割速度偏低。	1. 降低收获机前进速度 2. 张紧传动带 3. 清理切割器拥土 4. 调整摆环箱传动带张紧度
切碎质量变差	1. 传动带打滑，刀辊转速偏低 2. 动刀刃变钝 3. 动、定刀间隙大	1. 张紧传动带 2. 动刀刃磨锐 3. 调整动、定刀间隙
抛送能力下降	1. 收获机前进速度偏高，超负荷作业，刀盘转速下降 2. 传动带打滑，抛送风机转速下降 3. 抛送风机叶片磨损，于抛送筒地壳间隙过大	1. 降低收获机前进速度以减轻收获机负荷，使转速恢复正常 2. 张紧传动带。 3. 调整抛送风机于地壳间隙
控制操作系统所有油缸在接通换向阀后均不能工作	1. 液压油过少，致使液压系统不能正常工作 2. 换向阀工作压力太低 3. 换向阀拉杆行程不到位，阀内油道不通畅	1. 按规定加足液压油 2. 按要求调整溢流阀工作压力 3. 检查调整使换向阀拉杆行程到位
各油缸速度不稳定	1. 溢流阀工作压力偏低 2. 油路中有空气 3. 溢流阀弹簧工作不稳定。	1. 按要求调整溢流阀工作压力 2. 排除油路中空气 3. 检查调整或更换溢流阀弹簧
割台自动沉降（换向阀中位）	1. 活塞密封圈失效 2. 阀芯因磨损或拉伤间隙增大 3. 阀芯位置没有对中	1. 更换密封圈 2. 检修或更换阀芯 3. 调整使阀芯位置保持对中

四、其他部分故障及排除方法（表7－5）

表7－5　其他部分故障及排除方法

常见故障	故障原因	排除方法
油门踏板锁不住或不回位	1. 限位螺栓与踏板间隙过小 2. 油门控制板角度不合理 3. A 板左右位置不对 4. 回位弹簧回位弹力不足 5. B 板前后倾斜角度不对	1. 调整此间隙，确保踏板回位前提下间隙最小 2. 用手或活动扳手左右微调 3. 用手或活动扳手左右微调 4. 把固定轴顺时针扭转半圈左右 5. 用活动扳手调整

第八章　卷帘机及其他机具操作技术

随着城乡人民生活水平的提高，冬季栽培鲜菜、鲜果的温室大棚蓬勃发展，其规模越来越大。而且种植反季节蔬菜瓜果可以获得较大收益，也促使温室大棚得到快速发展。但是，在温室大棚作业中，卷铺草帘是最费时费工的主要作业环节之一，尤其在严寒冬季的凌晨和傍晚，在寒风刺骨的恶劣条件下，农民站在大棚顶上从事着艰苦笨重的草帘卷铺劳动，情况可想而知。对于一个长80m大棚来说，每天都要在早上拉启、傍晚放下，各要用大约40分钟左右。严格地来说，冬天里的阳光和温度是大棚中作物正常生长所依赖的珍贵资源，农民要争分夺秒，辛苦是可想而知的。但这仍然解决不了问题，由于大棚保温帘开启和关闭时间相对集中，引起的劳力不足和耗用时间过长，已经严重制约了大棚的产量效益和发展。

卷帘机顺应老百姓的需求就出现了，它的出现彻底解决了人工卷铺帘子带来的一系列不便。同时延长了光照时间，增加了光合作用，更重要的是节省劳动时间，减轻了劳动强度。如今，自动卷帘机更是让人们减轻了工作负担，通过传感器对光照强度进行判断，来控制电动机的开启与启动，通过电动机的正反转控制草帘子的卷放。日光温室在深冬生产过程中，每1 000m² 温室人工控帘约需1.5 小时，而卷帘机只需5 分钟左右，太阳落山前，人工放帘需用约1 小时左右，由此看来，每天若用卷帘机起放帘子，比人工节约近2 小时的时间。同时，延长了室内宝贵的光照时间，增加了光合作用时间。另外，使用电动卷帘机对草帘、棉帘保护性好，延长了草帘、棉帘的使用寿命，既降低生产成本，同时，因其整体起放，其抗风能力也大大增强。总体上可使农民能比较轻松地用更多的精力提高对蔬菜进行管理，提高品质、扩大规模。

第一节　电动卷帘机安装与调试

一、安装前准备

（1）安装电动卷帘机前。首先对天棚帘进行详细了解，要经过实地考察，无论钢结构还是竹木结构天棚帘，都要注意如下几点：第一，要求天棚帘有足够的强度、刚度及平整度等，足以承受卷起于一条直线上的窗帘与电动卷帘机的整体重量，避免将棚体压坏或使卷帘机不能发挥效能。第二，观察天棚帘的东西两端高度是否对称及棚前地势是否过低，否则，要整改，不然安装调整会增加困难。第三，观察棚顶后坡是大沿还是小沿，假若是小沿应要求将 2.5m 放风膜换用 3m 膜，并以此结合天棚帘的高度为依据对支杆的长度进行选取，以免因防风困难而造成电动卷帘机安装失败。

（2）选用机型。根据天棚帘的长、宽、高度和窗帘的重量，参照电动卷帘机说明书，对号入座确定选用电动卷帘机的型号，同时，考虑到霜、雨、雪、雾天气会增加窗帘的重量，拱度小、宽度大、刚度差的天棚帘也会增加电动卷帘机的荷载，因此，选用时必须将这些因素考虑在内。确定选用电动卷帘机型号，务必留有荷载余量，才能保证卷帘机使用寿命长，安全有保障。

（3）窗帘排布。窗帘要求厚度相均，长短一致，垂直固定于卷轴并按两底托一浮的方式一次排列，窗帘两边交错量要保持一致，若新旧窗帘混用时一定要相间排列，尽量做到其左右对称以免窗帘卷动不同步和整体跑偏。

（4）绳带敷设。绳带的作用是用来减轻电动卷帘机自身重量和卷动作用力对窗帘的不良影响，绳带的合理使用直接关系着窗帘的使用寿命和机器的同步与跑正，绳带的一端固定于棚顶地锚钢丝上，另一端固定于棚下电动卷帘机的卷轴上，要求条条绳带工作长度及松紧度保持一致，统一标准。

（5）电源敷设。电源的认定，确保选用质量可靠的导线及开关电器（考虑农电供电质量的复杂性，切实做好事前调查），电源装置建议安装于棚端工棚内，严禁露天安装，风吹雨淋及儿童触摸。刀闸及换向开关间导线应选用 1mm^2 以上的橡胶电缆，为确保操作安全方便，开关应设在天棚帘两山或后墙的理想位置。

（6）安装工具。①通用工具。大小锤各 1 把，250mm 活扳手 1 把，17mm×19mm 梅花扳手、呆扳手各 2 套，200mm 管子钳 1 把，手动钢锯 1 把或割管刀 1 具。②专用工具。500mm 钢钎 1 根，孔扳手 2 把。③电工工具：数字钳型电流表 1 只，尖嘴钳 1 把，钢丝钳 1 把，电工刀 1 把，150mm 十字、一字螺丝刀各 1 把。当配套设备、材料、工具、附件等相关物料，清点数量、质量无误后，可实施现场安装。

二、安装

（1）事先确定卷帘机安装点。安装点应选定在温室天棚帘前的中间部位，再将主机搬运到安装点，按主机输出端靠向天棚帘方向，便于臂杆的连接，电机端指向棚外，等待下步与副杆连接。

（2）将臂杆分别用 M14 以上高强度螺栓锁定于主机两端输出联轴器上。

（3）再将卷轴接一、二、三、四号型（按棚长、帘重分别编组）从主机联轴器向两端依次排布，并用 M12 螺栓将管轴、管套套接式连接起来，且紧固可靠，严禁松动。此时一般分两组操作为宜，一向左端进行，一向右段进行，以提高工效。注意：坚固件松动将影响卷轴的使用寿命，甚至危及使用安全（图 8 - 1，图 8 - 2）。

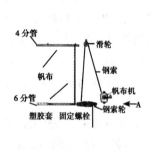

图 8 - 1　整体安装简图

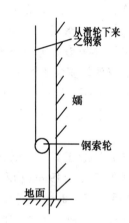

图 8 - 2　钢索绕法 A 向视图

（4）将按要求摆布的窗帘，垂直的平铺在天棚帘上，且底帘下边所铺绳带要外露 40cm 以上。

（5）将连好的机器连同卷轴需要多人抬起放到窗帘下端的窗帘表面上，要求卷轴一定顺直，左右上下不得有弯曲现象，否则要重新调整，达到要求为止。

（6）绳带与卷轴固定桩绑扎一定要仔细进行，最好由一人全部完成或两人每人一边来完成，这样可以有效地保证绳带的松紧一致性，进而有利于窗帘的不跑偏。

（7）分头逐个将窗帘的下端捆起并绕卷轴一周用细铁丝将窗帘与卷轴捆扎成一体。

（8）由一名电工将电器部分准备好，先接入换向开关，然后送电观察电机正、反转，直至电机端支架口开始上翘至约90度时，断电关机。为了使用安全可靠，电器开关装置要求装在棚顶的中部或一端。

（9）地锚安装地的认定。依据棚的高度，跨度预定固定位置，一般选在棚中段的前方1.8～2.2m处。装后若不合适仍可重新调整。

（10）地锚的固定。先用铁镐在地上挖一小坑，再将地锚尖端向下，夯入地下培土固牢。

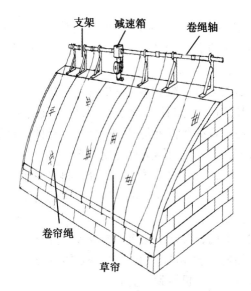

图8-3 一种卷帘机的使用状态示意图

（11）将主杆按T形铰链冲向地桩南北摆放，按图示要求用随机配件大销栓配合平垫将主杆与地锚铰链连接可靠，最后用开口销锁定。

（12）再依次将主杆与副杆用上述相同的方式，用随机小销组件将其锁定，随后用 2～3 条绳索固定于铰链处的副杆上，由 2 人以上手执绳索的另端从西北、北、东北三方向将支杆慢慢拉起，另 2 人抱定副杆下端并将副杆插入电机架管筒，并分别将管外侧的两只 M12 高强度螺丝拧紧备牢（为使用安全，务必紧固）。螺栓一定可靠锁紧，严禁松动，以防杆、机脱离，发生危险。

（13）机箱内确保加入蜗轮、蜗杆专用油或 18 号齿轮油 3～4kg（图 8－3）。

三、调试

（1）安装结束后，要进行一次全面检查，对主机、支杆、卷轴、电器一一进行检查无误、安全可靠后方可进行运行调试工作。

第一次送电运行，约上卷 1m 左右，看窗帘调直状况，若窗帘不直可视具体情况分析不直原因，采取调直措施。本次运行，无论窗帘直与不直都要将机器退到初始位，目的是试运行，一是促其窗帘滚实；二是对机器进行轻度磨合。

第二次送电运行，约上卷到 2/3 处，再进行上次工作，目的仍是促其窗帘进一步滚实和对机器进行中度磨合。然后，再次将机器退回到初始位。

第三次送电前，应仔细检查主机部分是否有明显温升现象，若温升不超环境温度 40℃，且未发现机器有异声、异味，可进行第三次送电运行至机器到位。

（2）此试验过程主要达到以下几项目的。

①机器部件是否齐全，配套是否合理。

②机器运转是否正常。

③检查安装是否正确到位，有无漏项，有无安全隐患。

④看窗帘卷起是否齐整、平直，是否有跑偏现象；若发现有

上述现象则应继续调整，直至达到符合实用要求为止。最后将不干胶安全标示牢固的张贴在主杆的合适部位，以示用户注意操作安全。

⑤窗帘同步卷放，可保证机器性能和延长窗帘的使用寿命。

第二节 电动卷帘机安全操作规程

大棚卷帘机是温室蔬菜生产的重要工具，在生产中应用越来越广泛，近几年，在用大棚卷帘机致人死亡和伤残的事故在全国已发生多起。因此，正确操作卷帘机非常重要，现将卷帘机正确安全操作规程总结如下。

（1）作业前检查机械各连接部位螺栓紧固情况、焊接处是否出现断裂、开焊等问题各润滑点是否缺油；确认制动部分工作是否可靠。

（2）检查周围环境，排除影响作业安全的因素。

（3）认真检查供电线路、开关。

（4）清理卷帘周围影响卷帘作业的障碍物，检查卷帘受潮湿情况，确认是否符合作业要求。

（5）推上刀闸开关，接通电源。

（6）卷帘作业。

①启动调节控制开关至卷帘挡，观察卷帘作业工作情况，卷帘至棚顶约30cm左右时停机，切断电源。

②将手摇把柄插入摇把插孔，人工手动将棚帘卷至预定位置完成卷帘作业。

（7）放帘作业。

①启动调节控制开关至放帘挡，配合使用刹车装置，控制平稳放帘至底部约30cm左右时停机，切断电源。

②将手摇把柄插入摇把插孔，人工手动将棚帘放至预定位置

完成放帘作业。摇完后要及时取下摇把子，避免由于遗忘而造成意外事故。

（8）卷放帘作业过程中遇故障或异常时，应首先停机，切断电源，方可进行调整。严禁用户挑起刹车块让卷帘机自行下滑，否则会有生命危险。上拉式卷帘机要配备遥控器，以便在身体或衣服被"咬住"时马上停机。

（9）使用中遇有停电，应采取可靠制动措施防止卷帘下滑，拉下总开关，切断电源。然后按生产厂家使用说明书要求进行人工手摇操作完成作业。

（10）停电后人工手摇卷放操作时必须切断电源，防止作业中突然送电造成误操作，危害人身安全。

（11）对于因结构不同而引起的大棚卷帘机械作业上的差异，应严格按照生产厂随机附带的《产品使用说明书》或有效技术文件进行操作。

（12）完成卷放作业后，切断总开关，防止误操作，造成人身危险。

（13）主机在启动和运行中，操作人员不得在棚前进行操作控制卷帘机的倒顺开关，而应站在后墙中央或两侧山墙上进操作。操作卷帘机前，应先检查一下卷帘机并巡视一下周围，严禁在主机和卷杆前站人，确认安全后，方可起动电机，以防万一卷帘机失控造成人身安全事故。

（14）要经常检查制动系统，确保制动系统处于良好状态，避免由于制动失灵造成人身伤亡和财产损失等事故的发生。遇到停电时，严禁挑起刹车块使草帘自由向下滑行，以防危险事故的发生。

第三节　电动卷帘机操作技术要领

1. 操作人员

（1）作业人员应经过技术培训，掌握机械结构及工作原理，能够正确操作使用。

（2）操作人员使用前必须详细阅读使用说明书，有熟练操作人员指导，并严格按照要求操作，防止意外发生。

（3）作业时，应有 2 人以上（含 2 人）在场作业。

2. 大棚卷帘机械

（1）除卷轴外，外露回转件应有安全防护罩，安全防护罩应符合 GB1035.1 的规定。

（2）关规定。

（3）大棚卷帘机械选用电机应符合 GB4942.1 规定。

（4）大棚卷帘机械应安装电源控制总开关。大棚卷帘机械的电源控制装置应具有可靠的防潮湿、防触电保护功能。

（5）大棚卷帘机械的安装固定支架、卷轴、连接螺栓应具有足够强度，能够确保机械作业要求。

（6）禁止进行妨碍操作和影响安全技术要求的改装。

3. 作业环境

（1）外供电线路布置应规范，不得存在妨碍机械作业动作的布置和漏电现象；开关接地应安全可靠。

（2）大棚卷帘机械作业人员应在安全位置操作，任何人不得靠近固定支架、卷轴及机械的回转部件。

（3）应对卷帘采取防潮措施，卷帘过湿、过重不得机械作业。

第四节 电动卷帘机的维修保养

大鹏卷帘机是温室大棚专用机械，使用卷帘机可以在短时间内卷放草帘或保温被卷放一次耗时 5～10 分钟，而人工需要 1 小时、5 小时左右。，并可在卷放过程中任意停放。增加了大棚光照时间，提高了棚内温度，从而有利于作物生长，增加了作物的抗病能力，使作物产量提高，提早上市，增加了效益。节省了劳力，减轻了劳动强度。

（1）在使用前和使用期间，刹车系统必须上机油，保持润滑，以免造成早期磨损，致使刹车失灵。

（2）卷帘机在使用期间，草帘走偏，应及时自行调整。

（3）在卷帘机使用期间或停止使用后，厂家对卷帘机进行保养，对易损件进行检查，维护或更换。

（4）首次使用前先往机体内注入机油 3～4kg，使用过程中应经常检查和补充润滑油，卷帘机再次使用时，机体内机油重新更换，保证主机润滑油每年更换一次，

（5）在使用过程中对卷帘机进行维修保养要注意安全，必须在放至下限位置时进行，应注意先切断电源。确需在温室面上维修时，应当用绳把卷帘轴固定好，严防误送电使卷帘轴滚落伤人。

（6）机器使用完毕，可卷至上限位置，用塑料薄膜封存置于干燥处停放。如拆下存放要擦拭干净，放在干燥处。卷帘轴与上、下臂在库外存放时，要将其垫离地面 0.2m 以上，并用防水物盖好，以免锈蚀，并应防止弯曲变形，必要时应重新涂防锈漆。

（7）卷帘机在每年使用前应检修并保养一次，检修主要内容包括主机技术状态，卷帘轴与上、下臂有无损伤和弯曲变形，

上、下臂铰链轴的磨损程度，卷帘轴及上、下臂与主机的连接可靠性，如发现问题应进行校正、加固、维修。

（8）每次使用停机后，应及时切断棚外总电源。

（9）在控制开关附近，必须再接上一个刀闸。

（10）安装卷帘机后，雨雪天气将电机盖好，草苫上必须盖附防雨膜。

（11）停电时，严禁打开刹车系统放草帘，必须配置发电机使用。

（12）向上卷至离棚顶 30cm 时，必须停机。如出现刹车失灵，速将倒顺开关置于倒方向，使卷帘机正常放下后检修。

（13）使用人必须接受安装人在安装时的培训。

（14）用户自行购买安装时需试棚长及草苫的重量，选用适当的材料及良好的焊接工艺。

（15）草帘卷起后支架上方向一侧倾斜时应及时调整，否则，活节扭断，导致支架歪倒。

（16）严格按草帘重量选择卷帘机型号，超出卷帘机承受载荷，可能造成严重的人身伤亡事故。

第五节　大棚卷帘机的故障分析与排除

常见故障分析与排除如下。

（1）通电后电机不转或同时有嗡嗡声的原因可能是停电或缺相或电压低，应检查线路接头开关（或立即找电工）。

（2）电机转但卷帘机不转可能是因为三角带松，及时调整三角带即可。

（3）放棚时机器发出间歇噪声，可能是因为刹车系统缺油，只要将棚放到底后，往刹车片处注入清机油即可消除噪声。

（4）拉起后草帘不直，因为草帘不均匀卷慢处垫些软物或向下拽草帘。

（5）刹车系统附近温度过高时，因为润滑不足，只需注油即可。

（6）停机时不刹车，是刹车装置故障，检查刹车块、弹簧、注油。

（7）主机跑偏，即主机两侧草帘不一致或大棚东西不水平，只要将草帘调直使两侧快慢一致即可。

（8）其他故障 与安装商或厂家联系。

（9）棉被卷不到顶或卷到顶端时下放不动。原因：皮带打滑；输电线路电压太低；电机功率小。排除方法：调紧皮带；减少输电线路长度或更换粗线；更换大功率电机。

（10）刹车失灵，刹车后帘子仍然下滑。故障原因：刹车蹄弹簧折断或刹车蹄不回位；刹车片破损；主机皮带轮卡住；刹车片上油台多；制动蹄磨损严重。排除方法：更换刹车蹄弹簧；更换刹车片；卸下主机皮带轮并在螺纹上涂上黄油；更换刹车片或卸下刹车片用汽油将刹车片上的油渍清楚干净后重新安装即可使用；更换制动蹄。

（11）放帘子时有噪音。故障原因：主机皮带轮与制动盘间隙过大；摩擦片破损；刹车鼓内滚针轴承破损；排除方法：取下皮带锁紧螺母后退 1～6 圈锁紧；更换摩擦片；更换轴承。

（12）卷帘机卷、放时机头跑偏。故障原因：卷杆与帘子角度不对；连接板与支撑杆焊接角度不对；棚面不水平；排除方法：调整卷干与帘子保持垂直；连接板与支撑杆焊接时始终保持垂直；利用水平仪找准棚平面。

（13）机头刮帘子或卷杆放不到底。故障原因：立杆过长或支撑杆过短；绳子吊住卷杆。排除方法：按标准搭配长度比例；让绳子自然下垂到卷杆上，不能绑住。

第六节　微耕机作业安全规则

安全使用微耕机是保障每个操作者人身安全的重要一环，必须引起每个操作人员的高度重视。使用微耕机时发生事故，多数都是因为使用不当或没有注意安全而造成的。所以，操作者在使用前，必须阅读微耕机的使用说明书，牢记"使用须知"和"安全规则"，全面掌握熟悉所有的操纵机构和机具正确使用的方法，必须经过培训和在专业技术人员的指导教练下，不少于10小时的操作训练方可上岗作业。具体还应注意以下几点。

（1）因疲劳、生病、饮酒过量等原因严禁操作微耕机。决不允许儿童操作使用微耕机。

（2）起动发动机前，分离所有离合器，挡位置于"空挡"位置。

（3）应穿戴适当的工作服和帽子，并注意衣服、头发、毛巾等不能卷入机器内。每次完成作业后，应检修保养机件，以便下次作业顺利进行。

（4）操作人员应注意脚下，应力求稳定，操纵时避免滑倒或跌落。同时，必须确保操作者对操纵系统的控制能力。

（5）应尽量在平坦地方装卸作业机具，装卸时一定要使发动机停止运转。

（6）身体不得接触、接近旋转部件或放在旋转部件下。机具使用时必须安装防护板，没有适当的防护装置、防护罩或者其他防护装置不在位置上时，不得操作微耕机。微耕机运行时不得进行任何调整（制造厂推荐的特殊调整除外）。操作者离开操纵位置或清理刀片堵塞、缠绕物、检查、检修调整等情况，应先停止发动机，然后进行处理。机具一旦发生异常振动，应排除故障。

（7）使用过程中应注意各部分工作情况及声响，检查各部位的连接是否正常，不允许有松动现象，如发现异常情况，应立即停车查找原因，检查排除。

（8）在发动机运行或热机时，不得往油箱中加油。补充燃油时，一定要停止发动机，并严禁点火。加油时不得将燃油溢到消声器、汽缸盖、机壳等高温部件上以防火灾。启动前，应拧紧油箱盖，并擦净溢出的燃油。不得用塑料薄膜纸封死燃油箱盖。封死油箱以后，长时间工作会在油箱内产生负压，导致供油不足，使机器在工作时冒黑烟，动力不足。

（9）禁止用浇水方式冷却柴油机。用水骤然降温，缸套突然收缩，容易拉缸，断环，甚至缸套破裂。

（10）不允许冷车起动后，立即进行大负荷工作，特别是新机器或在修后的机器。

（11）严禁装上施耕刀的微耕机在沙滩或石子堆上行驶，以免损坏刀片。

（12）作业时，不要让与作业无关的人走近机具，尤其注意不要让儿童靠近。

（13）作业前要全面检查机器将要作业的区域，移走影响安全的杂物。作业中应注意观察机具四周，以确保安全。尤其是在果树下作业时，操作人员在作业前要仔细检查周围是否有铁丝、石块等，排除障碍后才能作业。撞到杂物后，应停下发动机，全面检查微耕机是否损坏，如损坏应在修好并清除杂物后，才能重新起动和操纵微耕机。同时要注意选择"倒"挡时，必须小油门起步，确定身后有足够的空间，没有障碍物后方能作业。

（14）在（或通过）石子路面、狭窄路面、人行道或公路上操纵时应特别小心，警惕潜在的危险、注意自己及他人的安全。

（15）发动机排出的废气中含一氧化碳，在温室、大棚内作业，或在室内进行维修工作时，无论是汽油机还是柴油机，排出的废气容易滞留，应注意通风。

（16）不得在易滑路面高速运行；视野或光线不好时，不得操纵微耕机；不要在陡坡上作业；微耕机上下坡时应防止倾翻。

（17）在硬地上耕整作业时应小心，以防刀片可能钩入地面向前推动微耕机而失控。

（18）离合器拉杆不得长时间处于半分离状态，不能用离合器控制行驶速度。

（19）当机具处于无人操纵状态时，应采取一切可能的预防措施：分离动力输出轴，降低附加装置，挡位挂于空挡，发动机熄火，电启动机型的拔下开关钥匙。

（20）经常清洗滤清器内海绵体或钢丝网，并更换机油。

（21）发动机的消声器温度极高，严禁用手碰触。给机器盖上罩子时，应等消声器高温部分完全冷却后再进行。

第七节 农机操作中的七大常见误区

（1）起步猛抬离合器。机车起步时应缓慢地松开离合器踏板，同时，适当加大油门行驶。否则，会造成对离合器总成及传动件的冲击，甚至损坏。

（2）长期脚踏离合器踏板。有些机手在机车行驶中习惯将脚踏在离合器踏板上，其害处是：在高低不平的路面上行驶，机车随之振动，这样会使离合器处于半结合状态，影响发动机功率传递，加剧离合器摩擦片磨损。

（3）用惯性启动发动机。有的驾驶员借挂高速挡踏下离合器滑行，速度高时猛抬离合器靠车辆的惯性启动发动机。这样很容易损坏传动系的机件，又因过大的负荷冲击发动机，很不安全。

（4）油门代替喇叭用。有的驾驶员行车遇到行人时，不是按喇叭鸣号慢行，而是用轰大油门的办法令行人让路，这样会使发动机排出浓烟，污染环境，突然提高转速增加了机械磨损，还容易造成行车事故。

（5）车辆滑行不摘挡。有些机手在车辆滑行时不采用空挡滑行，而是把变速杆放在高速挡位置，利用踏下离合器切断与发动机的传动，使车辆滑行。这样会使离合器分离轴承磨损加剧，下坡较长时间踏下离合器滑行是安全操作规程上所不允许的。

（6）启动后和熄火前猛轰油门。柴油车的压缩比大于汽油车，突然加大或减小油门容易引起连杆和曲轴变形或折断，增加缸筒活塞积碳，加速运动件磨损。

（7）原地死打方向盘。有的驾驶员为了机车转向到位，习惯采用原地静止时死打方向盘的办法，这样既违反操作规程，又容易使转向机构各部件损坏。

附　　录

（2004 年 6 月 25 日第十届全国人民代表大会常务委员会第十次会议通过）

第一章　总则

第一条　为了鼓励、扶持农民和农业生产经营组织使用先进适用的农业机械，促进农业机械化，建设现代农业，制定本法。

第二条　本法所称农业机械化，是指运用先进适用的农业机械装备农业，改善农业生产经营条件，不断提高农业的生产技术水平和经济效益、生态效益的过程。

本法所称农业机械，是指用于农业生产及其产品初加工等相关农事活动的机械、设备。

第三条　县级以上人民政府应当把推进农业机械化纳入国民经济和社会发展计划，采取财政支持和实施国家规定的税收优惠政策以及金融扶持等措施，逐步提高对农业机械化的资金投入，充分发挥市场机制的作用，按照因地制宜、经济有效、保障安全、保护环境的原则，促进农业机械化的发展。

第四条　国家引导、支持农民和农业生产经营组织自主选择先进适用的农业机械。任何单位和个人不得强迫农民和农业生产经营组织购买其指定的农业机械产品。

第五条　国家采取措施，开展农业机械化科技知识的宣传和教育，培养农业机械化专业人才，推进农业机械化信息服务，提高农业机械化水平。

第六条　国务院农业行政主管部门和其他负责农业机械化有关工作的部门，按照各自的职责分工，密切配合，共同做好农业机械化促进工作。

县级以上地方人民政府主管农业机械化工作的部门和其他有关部门，按照各自的职责分工，密切配合，共同做好本行政区域的农业机械化促进工作。

第二章　科研开发

第七条　省级以上人民政府及其有关部门应当组织有关单位采取技术攻关、试验、示范等措施，促进基础性、关键性、公益性农业机械科学研究和先进适用的农业机械的推广应用。

第八条　国家支持有关科研机构和院校加强农业机械化科学技术研究，根据不同的农业生产条件和农民需求，研究开发先进适用的农业机械；支持农业机械科研、教学与生产、推广相结合，促进农业机械与农业生产技术的发展要求相适应。

第九条　国家支持农业机械生产者开发先进适用的农业机械，采用先进技术、先进工艺和先进材料，提高农业机械产品的质量和技术水平，降低生产成本，提供系列化、标准化、多功能和质量优良、节约能源、价格合理的农业机械产品。

第十条　国家支持引进、利用先进的农业机械、关键零配件和技术，鼓励引进外资从事农业机械的研究、开发、生产和经营。

第三章　质量保障

第十一条　国家加强农业机械化标准体系建设，制定和完善农业机械产品质量、维修质量和作业质量等标准。对农业机械产品涉及人身安全、农产品质量安全和环境保护的技术要求，应当按照有关法律、行政法规的规定制定强制执行的技术规范。

第十二条　产品质量监督部门应当依法组织对农业机械产品

质量的监督抽查。

工商行政管理部门应当依法加强对农业机械产品市场的监督管理工作。

国务院农业行政主管部门和省级人民政府主管农业机械化工作的部门根据农业机械使用者的投诉情况和农业生产的实际需要，可以组织对在用的特定种类农业机械产品的适用性、安全性、可靠性和售后服务状况进行调查，并公布调查结果。

第十三条　农业机械生产者、销售者应当对其生产、销售的农业机械产品质量负责，并按照国家有关规定承担零配件供应和培训等售后服务责任。

农业机械生产者应当按照国家标准、行业标准和保障人身安全的要求，在其生产的农业机械产品上设置必要的安全防护装置、警示标志和中文警示说明。

第十四条　农业机械产品不符合质量要求的，农业机械生产者、销售者应当负责修理、更换、退货；给农业机械使用者造成农业生产损失或者其他损失的，应当依法赔偿损失。农业机械使用者有权要求农业机械销售者先予赔偿。农业机械销售者赔偿后，属于农业机械生产者的责任的，农业机械销售者有权向农业机械生产者追偿。

因农业机械存在缺陷造成人身伤害、财产损失的，农业机械生产者、销售者应当依法赔偿损失。

第十五条　列入依法必须经过认证的产品目录的农业机械产品，未经认证并标注认证标志，禁止出厂、销售和进口。

禁止生产、销售不符合国家技术规范强制性要求的农业机械产品。

禁止利用残次零配件和报废机具的部件拼装农业机械产品。

第四章　推广使用

第十六条　国家支持向农民和农业生产经营组织推广先进适

用的农业机械产品。推广农业机械产品，应当适应当地农业发展的需要，并依照农业技术推广法的规定，在推广地区经过试验证明具有先进性和适用性。

农业机械生产者或者销售者，可以委托农业机械试验鉴定机构，对其定型生产或者销售的农业机械产品进行适用性、安全性和可靠性检测，作出技术评价。农业机械试验鉴定机构应当公布具有适用性、安全性和可靠性的农业机械产品的检测结果，为农民和农业生产经营组织选购先进适用的农业机械提供信息。

第十七条 县级以上人民政府可以根据实际情况，在不同的农业区域建立农业机械化示范基地，并鼓励农业机械生产者、经营者等建立农业机械示范点，引导农民和农业生产经营组织使用先进适用的农业机械。

第十八条 国务院农业行政主管部门会同国务院财政部门、经济综合宏观调控部门，根据促进农业结构调整、保护自然资源与生态环境、推广农业新技术与加快农机具更新的原则，确定、公布国家支持推广的先进适用的农业机械产品目录，并定期调整。省级人民政府主管农业机械化工作的部门会同同级财政部门、经济综合宏观调控部门根据上述原则，确定、公布省级人民政府支持推广的先进适用的农业机械产品目录，并定期调整。

列入前款目录的产品，应当由农业机械生产者自愿提出申请，并通过农业机械试验鉴定机构进行的先进性、适用性、安全性和可靠性鉴定。

第十九条 国家鼓励和支持农民合作使用农业机械，提高农业机械利用率和作业效率，降低作业成本。

国家支持和保护农民在坚持家庭承包经营的基础上，自愿组织区域化、标准化种植，提高农业机械的作业水平。任何单位和个人不得以区域化、标准化种植为借口，侵犯农民的土地承包经营权。

第二十条　国务院农业行政主管部门和县级以上地方人民政府主管农业机械化工作的部门，应当按照安全生产、预防为主的方针，加强对农业机械安全使用的宣传、教育和管理。

农业机械使用者作业时，应当按照安全操作规程操作农业机械，在有危险的部位和作业现场设置防护装置或者警示标志。

第五章　社会化服务

第二十一条　农民、农业机械作业组织可以按照双方自愿、平等协商的原则，为本地或者外地的农民和农业生产经营组织提供各项有偿农业机械作业服务。有偿农业机械作业应当符合国家或者地方规定的农业机械作业质量标准。

国家鼓励跨行政区域开展农业机械作业服务。各级人民政府及其有关部门应当支持农业机械跨行政区域作业，维护作业秩序，提供便利和服务，并依法实施安全监督管理。

第二十二条　各级人民政府应当采取措施，鼓励和扶持发展多种形式的农业机械服务组织，推进农业机械化信息网络建设，完善农业机械化服务体系。农业机械服务组织应当根据农民、农业生产经营组织的需求，提供农业机械示范推广、实用技术培训、维修、信息、中介等社会化服务。

第二十三条　国家设立的基层农业机械技术推广机构应当以试验示范基地为依托，为农民和农业生产经营组织无偿提供公益性农业机械技术的推广、培训等服务。

第二十四条　从事农业机械维修，应当具备与维修业务相适应的仪器、设备和具有农业机械维修职业技能的技术人员，保证维修质量。维修质量不合格的，维修者应当免费重新修理；造成人身伤害或者财产损失的，维修者应当依法承担赔偿责任。

第二十五条　农业机械生产者、经营者、维修者可以依照法律、行政法规的规定，自愿成立行业协会，实行行业自律，为会员提供服务，维护会员的合法权益。

第六章　扶持措施

第二十六条　国家采取措施，鼓励和支持农业机械生产者增加新产品、新技术、新工艺的研究开发投入，并对农业机械的科研开发和制造实施税收优惠政策。

中央和地方财政预算安排的科技开发资金应当对农业机械工业的技术创新给予支持。

第二十七条　中央财政、省级财政应当分别安排专项资金，对农民和农业生产经营组织购买国家支持推广的先进适用的农业机械给予补贴。补贴资金的使用应当遵循公开、公正、及时、有效的原则，可以向农民和农业生产经营组织发放，也可以采用贴息方式支持金融机构向农民和农业生产经营组织购买先进适用的农业机械提供贷款。具体办法由国务院规定。

第二十八条　从事农业机械生产作业服务的收入，按照国家规定给予税收优惠。

国家根据农业和农村经济发展的需要，对农业机械的农业生产作业用燃油安排财政补贴。燃油补贴应当向直接从事农业机械作业的农民和农业生产经营组织发放。具体办法由国务院规定。

第二十九条　地方各级人民政府应当采取措施加强农村机耕道路等农业机械化基础设施的建设和维护，为农业机械化创造条件。

县级以上地方人民政府主管农业机械化工作的部门应当建立农业机械化信息搜集、整理、发布制度，为农民和农业生产经营组织免费提供信息服务。

第七章　法律责任

第三十条　违反本法第十五条规定的，依照产品质量法的有关规定予以处罚；构成犯罪的，依法追究刑事责任。

第三十一条　农业机械驾驶、操作人员违反国家规定的安全操作规程，违章作业的，责令改正，依照有关法律、行政法规的规定予以处罚；构成犯罪的，依法追究刑事责任。

第三十二条 农业机械试验鉴定机构在鉴定工作中不按照规定为农业机械生产者、销售者进行鉴定，或者伪造鉴定结果、出具虚假证明，给农业机械使用者造成损失的，依法承担赔偿责任。

第三十三条 国务院农业行政主管部门和县级以上地方人民政府主管农业机械化工作的部门违反本法规定，强制或者变相强制农业机械生产者、销售者对其生产、销售的农业机械产品进行鉴定的，由上级主管机关或者监察机关责令限期改正，并对直接负责的主管人员和其他直接责任人员给予行政处分。

第三十四条 违反本法第二十七条、第二十八条规定，截留、挪用有关补贴资金的，由上级主管机关责令限期归还被截留、挪用的资金，没收非法所得，并由上级主管机关、监察机关或者所在单位对直接负责的主管人员和其他直接责任人员给予行政处分；构成犯罪的，依法追究刑事责任。

第八章 附则

第三十五 条本法自 2004 年 11 月 1 日起施行。

二、农用拖拉机及驾驶员安全监理规定

第一章 总则

第一条 为了加强农用拖拉机（含拖拉机变型运输机，以下简称拖拉机）及驾驶员的安全监督管理，充分发挥农业机械在农业生产和农村经济发展中的作用，保障人民生命财产安全，根据《中华人民共和国农业法》，制定本规定。

第二条 拥有、使用拖拉机的单位和个人均应遵守本规定。

第三条 县以上各级人民政府农业机械行政主管部门负责本辖区内的拖拉机及驾驶员的安全监理工作。法律、法规授权或由农业机械行政主管部门依法委托的农业机械安全监理机构（以下

简称农机监理机构）负责具体实施。

第四条 农机监理机构负责拖拉机及其驾驶员的安全技术检验、考核、核发全国统一的牌证和在田间、场院、乡村道路上作业的安全及技术状态的监理工作。

第五条 拖拉机号牌、行驶证、驾驶证按全国统一式样，由各省、自治区、直辖市农业机械行政主管部门制发。

第六条 拖拉机上道路行驶和通过铁路道口要遵守国家有关规定。

第二章 拖拉机管理
第一节 检验

第七条 发动机功率在 14.7kW 以上（包括 14.7kW）为大中型拖拉机，不足 14.7kW 为小型拖拉机。依据上述分类，进行检验、核发牌证。

第八条 拖拉机及配套农具的检验分为初次检验、年度检验、临时检验三种。

第九条 申请拖拉机报户，领取拖拉机号牌和行驶证，须持居民身份证、拖拉机来历凭证，到当地农机监理机构申请初次检验。检验合格的，由农机监理机构核发号牌和行驶证。

第十条 凡领有号牌和行驶证的拖拉机，须按农机监理机构的规定参加年度检验。

第十一条 拖拉机年度检验项目：

（一）号牌、行驶证有无损坏、涂改；

（二）行驶证各项记载与拖拉机是否相符；

（三）拖拉机及主要配套农具的安全技术状态。

第十二条 年度检验合格，农机监理机构在行驶证内签注和盖章，并发给合格证。

第十三条 拖拉机启封复驶或根据农时季节安全生产需要，农机监理机构对拖拉机及其主要配套农具进行临时检验。

第十四条　拖拉机的安全技术状态及安全设施，必须符合《农业机械运行安全技术条件》及有关标准。

第十五条　年度检验和临时检验不合格的，限期修复，重新进行检验。

第二节　牌证

第十六条　行驶证编号须与拖拉机号牌编号相同。

第十七条　号牌悬挂拖拉机号牌一副两块，号牌悬挂在拖拉机前、后端规定位置。拖拉机拖带挂车时，一块悬挂在拖拉机前端规定的位置，一块悬挂在挂车尾部规定的位置。挂车后栏板外侧要喷刷与号牌编号相同的放大字号。

第十八条　拖拉机号牌、行驶证遗失或损坏，应及时到农机监理机构申请补换。号牌、行驶证未补换前，发给临时号牌或待办凭证。

第三节　异动登记

第十九条　领有号牌、行驶证的拖拉机转籍、过户、变更时，须按规定到农机监理机构办理异动手续。

第二十条　转籍

（一）拖拉机转出本辖区时，须到农机监理机构办理转籍手续。农机监理机构收回原号牌，发给临时号牌，填写转出证明，并在行驶证上签注转出事项，加盖农机监理机构印章。

（二）拖拉机转到其他辖区后，持转出证明向当地农机监理机构办理转入手续。农机监理机构审核后，收回原行驶证，发给新号牌和行驶证，并将回执寄给原籍农机监理机构。

第二十一条　过户

拖拉机在本辖区内所有权改变时，凭行驶证及其他有效证件，到农机监理机构办理过户手续。农机监理机构在行驶证和检验表的异动栏内签注盖章。

第二十二条　变更

拖拉机所属单位名称、住址、初次检验项目有变动时，须持行驶证和其他有效证明到农机监理机构办理手续。农机监理机构在行驶证和检验表异动栏内签注变更内容并盖章。

第二十三条 拖拉机封存、报废，均应到农机监理机构办理手续，交回行驶证和号牌。

第三章　驾驶员管理
第一节　分类

第二十四条 拖拉机驾驶员分为学习驾驶员和正式驾驶员。

第二十五条 学习驾驶员须具备的条件：

（一）年满 18 周岁，不满 60 周岁；

（二 身高不低于 150cm；

（三）两眼视力不低于标准视力表 0.7 或对数视力表 4.9（允许矫正）；

（四）无赤绿色盲；

（五）两耳分别距音叉 50cm 能辨别声源方向；

（六）心肺、血压正常；

（七）无妨碍安全驾驶的其他疾病及生理缺陷。

第二十六条 凡申请学习拖拉机驾驶技术的人员，应填写驾驶员登记表，交验身份证件，接受身体检查。农机监理机构对符合规定的，考试理论科目合格后，核发学习驾驶证，定为学习驾驶员。学习驾驶证有效期限为两年。

第二十七条 学习驾驶拖拉机技术的期限不少于一个月。对持有学习驾驶证并掌握驾驶操作技术的，经农机监理机构考试技术科目合格后，核发驾驶证，定为正式驾驶员。农机监理机构在驾驶证内的准驾栏签注准驾拖拉机类型。

驾驶证有效期六年，初次领取驾驶证第一年为实习期。

第二十八条 准驾

（一）持有准驾履带式拖拉机驾驶证者，只准许驾驶履带式拖拉机；

（二）持有准驾小型方向盘式拖拉机驾驶证者，只准许驾驶小型方向盘式拖拉机（含小型方向盘式拖拉机变形运输机）；

（三）持有准驾大中型方向盘式拖拉机驾驶证者，只准许驾驶大中型、小型方向盘式拖拉机（含大中型、小型方向盘式拖拉机变形运输机）；

（四）持有准驾手扶式拖拉机驾驶证者，只准许驾驶手扶式拖拉机（含手扶式拖拉机变形运输机）。

第二十九条　驾驶员需要增驾时，持本人有效驾驶证，到农机监理机构办理增驾手续。经审核同意，填写有关表格，并发给盖有增驾字样的学习证。实习期内不准办理增驾。

第二节　考试

第三十条　考试科目及顺序

（一）理论科目：

1. 机械常识、操作规程；

2. 交通法规、安全常识。

（二）技术科目：

1. 挂接农具；

2. 田间作业；

3. 场地驾驶；

4. 道路驾驶。

以上科目按顺序进行考试。每一科目任何一项不及格，以下项目不再进行。理论科目每项允许补考两次，技术科目每项允许补考三次。

补考后仍不合格者，本次考试终止，原合格项目不再保留。在学习驾驶证有效期内，可重新申请考试。

第三十一条　小型方向盘式和手扶式拖拉机进行场地驾驶、道路驾驶科目考试要带挂车。大中型方向盘式拖拉机用单机或带挂车进行场地驾驶科目的考试。

拖拉机变形运输机场地、道路驾驶科目考试，按同类型拖拉机的有关规定进行。

履带式拖拉机不进行道路驾驶科目考试，场地驾驶科目考试不拖带挂车。

第三十二条 报考人员违反考场纪律，应立即终止其当次考试，并视为不合格。

第三十三条 增驾履带式拖拉机，只进行挂接农具、田间作业和场地驾驶科目的考试。增驾方向盘式、手扶式拖拉机，进行挂接农具、田间作业、场地驾驶、道路驾驶科目的考试。

第三十四条 汽车驾驶员驾驶拖拉机从事农田作业，必须经过农机监理机构考核发证。考核时免考交通法规和安全常识科目。

第三节 驾驶证

第三十五条 驾驶拖拉机时，必须携带驾驶证，无驾驶证者，不准驾驶拖拉机。驾驶员驾驶的拖拉机必须与驾驶证上的准驾类型相符。驾驶证不准挪用、转借、涂改和伪造。

第三十六条 驾驶证遗失，凭个人有效证件及时到农机监理机构申请补发。

因驾驶证损坏、照片与本人近貌不符或驾驶证内记录栏满时，可到农机监理机构凭原驾驶证换领新证。

第四节 年度审验

第三十七条 驾驶员自领取驾驶证之日起，必须按农机监理机构的规定参加年度审验。审验合格的，农机监理机构在驾驶证审验栏签注盖章。未办理年度审验手续或审验不合格者，不准继续驾驶拖拉机。

第三十八条 年度审验内容

（一）驾驶证有无涂改、伪造、损坏等现象；照片与本人近貌是否相符；有无未经处理的违章、肇事。

（二）身体是否有妨碍安全驾驶的变异。

（三）对驾驶员进行安全驾驶、遵章守法教育和驾驶理论、操作技术学习。

（四）根据情况对驾驶员进行理论或操作技术考核。

第三十九条　驾驶员因故不能按期参加年度审验，应事先向农机监理机构申请延期审验，经批准可在规定的期限内予以补审。审验延期最长不超过三个月。

驾驶员违章肇事未结案的不予审验。

第四十条　驾驶员自领取驾驶证之日起，必须按规定参加安全教育活动，由农机安全员在驾驶员安全教育活动记录卡片上签字盖章。

第五节　异动登记

第四十一条　驾驶员因调动或驾驶证的记录有变化时，须到农机监理机构办理异动登记手续。

第四十二条　转籍

驾驶员转出本辖区时，持有效证件到农机监理机构办理转籍手续。农机监理机构将驾驶员档案转给新籍农机监理机构，并在驾驶证上签注转出事项。

驾驶员持有效证件到新籍农机监理机构办理转入手续。农机监理机构启封档案，收回原驾驶证，核对无误后，发给新驾驶证，并及时通知原籍农机监理机构。

第四十三条　变更

驾驶证内有关记录发生变化时，须到农机监理机构办理变更手续。农机监理机构在驾驶证和驾驶员登记表的异动栏内签注变更时间和内容。

第四章　违章处罚及事故处理

第四十四条　凡违反本规定的行为，无论造成事故与否，均属违章。对违章行为，视情节轻重给予警告或者处 200 元以下罚款，并在驾驶证和驾驶员登记表的违章记录栏签注违章处罚记录。

第四十五条 有下列行为之一的，给予警告或者处 20 元以下的罚款：

（一）不携带驾驶证驾驶拖拉机的；

（二）未按规定安装号牌的；

（三）号牌损坏、遗失后不及时申请补换的；

（四）拖拉机及其驾驶员转籍、过户、变更，不按规定办理异动手续的。

第四十六条 有下列行为之一的，给予警告或者处 50 元以下罚款：

（一）驾驶未经检验或检验不合格的拖拉机的；

（二）驾驶的拖拉机与驾驶证准驾机型不符的；

（三）不按规定参加审验或审验不合格，仍继续驾驶拖拉机的；

（四）持学习驾驶证驾驶拖拉机进行作业的。

第四十七条 有下列行为之一的，给予警告或者处 200 元以下罚款；

（一）驾驶无号牌和行驶证的拖拉机的；

（二）无证驾驶拖拉机的；

（三）挪用、转借牌证的；

（四）涂改、伪造、冒领牌证的；

（五）使用失效牌证的；

（六）酒后驾驶拖拉机的；

（七）发生事故后，不按规定保护现场、抢救伤者和不按规定报案的。

第四十八条 拖拉机在作业、停放过程中，发生碰撞、碾压、翻车、落水、火灾等造成人、畜伤亡或机具损坏的，统称为农机事故。

第四十九条　农机事故分为轻微事故、一般事故、重大事故和特大事故四类：

（一）轻微事故：轻伤 1～2 人或直接经济损失在 500 元以下；

（二）一般事故：重伤 1～2 人，或轻伤 3～10 人，或直接经济损失在 500 元以上 5 000 元以下；

（三）重大事故：死亡 1～2 人，或重伤 3～10 人，或轻伤 10 人以上，或直接经济损失在 5 000 元以上 2 万元以下；

（四）特大事故：死亡 3 人以上，或重伤 10 人以上，或直接经济损失在 2 万元以上。

第五十条　拖拉机发生事故时，驾驶员必须立即停车、保护现场、设法抢救伤者（如需移动现场物体时，须设标记），并及时报告当地农机监理机构。

第五十一条　农机监理机构接到事故报告后，应立即勘察现场，收集证据，分析事故原因，分清事故责任。需要追究刑事责任的，移交公安机关处理。

事故责任分为全部责任、主要责任、同等责任、次要责任。

第五十二条　农业机械行政主管部门依照事故责任大小进行裁决，农机监理机构执行。

第五十三条　农机事故报告

（一）快速报告：发生重大、特大事故时，县级农机监理机构应立即用电话、电报、电传报告上级农机监理机构，并填写拖拉机重大、特大事故快速报告表。省、自治区、直辖市农机监理机构应及时报告农业部，结案后要报文字材料。

（二）各级农机监理机构应按规定统计每月、半年、全年的事故情况，填写事故报表，并按规定及时逐级上报。

第五十四条　事故统计

（一）轻微事故只处理，不做统计，其他事故要统计上报。

（二）拖拉机在田间、场院、乡村道路和城市公路上发生的事故要分别统计上报。

（三）凡本辖区所属拖拉机，无论在本辖区范围内或范围外发生的事故都由本辖区统计上报。

（四）统计中要区分甲、乙方责任事故。

甲方责任事故：拖拉机负同等责任、主要责任、全部责任的事故。

乙方责任事故：甲方责任事故以外的事故。

（五）统计中要分别列出各种事故的起数、重伤人数、死亡人数和直接经济损失。

第五章　附则

第五十五条　各省、自治区、直辖市可根据本规定，制定实施办法。

第五十六条　本规定由农业部负责解释。

第五十七条　本规定自公布之日起施行

三、农业机械安全监督管理条例

第一章　总则

第一条　为了加强农业机械安全监督管理，预防和减少农业机械事故，保障人民生命和财产安全，制定本条例。

第二条　在中华人民共和国境内从事农业机械的生产、销售、维修、使用操作以及安全监督管理等活动，应当遵守本条例。

本条例所称农业机械，是指用于农业生产及其产品初加工等相关农事活动的机械、设备。

第三条　农业机械安全监督管理应当遵循以人为本、预防事故、保障安全、促进发展的原则。

第四条　县级以上人民政府应当加强对农业机械安全监督管理工作的领导，完善农业机械安全监督管理体系，增加对农民购买农业机械的补贴，保障农业机械安全的财政投入，建立健全农业机械安全生产责任制。

第五条　国务院有关部门和地方各级人民政府、有关部门应当加强农业机械安全法律、法规、标准和知识的宣传教育。

农业生产经营组织、农业机械所有人应当对农业机械操作人员及相关人员进行农业机械安全使用教育，提高其安全意识。

第六条　国家鼓励和支持开发、生产、推广、应用先进适用、安全可靠、节能环保的农业机械，建立健全农业机械安全技术标准和安全操作规程。

第七条　国家鼓励农业机械操作人员、维修技术人员参加职业技能培训和依法成立安全互助组织，提高农业机械安全操作水平。

第八条　国家建立落后农业机械淘汰制度和危及人身财产安全的农业机械报废制度，并对淘汰和报废的农业机械依法实行回收。

第九条　国务院农业机械化主管部门、工业主管部门、质量监督部门和工商行政管理部门等有关部门依照本条例和国务院规定的职责，负责农业机械安全监督管理工作。

县级以上地方人民政府农业机械化主管部门、工业主管部门和县级以上地方质量监督部门、工商行政管理部门等有关部门按照各自职责，负责本行政区域的农业机械安全监督管理工作。

第二章　生产、销售和维修

第十条　国务院工业主管部门负责制定并组织实施农业机械工业产业政策和有关规划。

国务院标准化主管部门负责制定发布农业机械安全技术国家

标准，并根据实际情况及时修订。农业机械安全技术标准是强制执行的标准。

第十一条 农业机械生产者应当依据农业机械工业产业政策和有关规划，按照农业机械安全技术标准组织生产，并建立健全质量保障控制体系。

对依法实行工业产品生产许可证管理的农业机械，其生产者应当取得相应资质，并按照许可的范围和条件组织生产。

第十二条 农业机械生产者应当按照农业机械安全技术标准对生产的农业机械进行检验；农业机械经检验合格并附具详尽的安全操作说明书和标注安全警示标志后，方可出厂销售；依法必须进行认证的农业机械，在出厂前应当标注认证标志。

上道路行驶的拖拉机，依法必须经过认证的，在出厂前应当标注认证标志，并符合机动车国家安全技术标准。

农业机械生产者应当建立产品出厂记录制度，如实记录农业机械的名称、规格、数量、生产日期、生产批号、检验合格证号、购货者名称及联系方式、销售日期等内容。出厂记录保存期限不得少于3年。

第十三条 进口的农业机械应当符合我国农业机械安全技术标准，并依法由出入境检验检疫机构检验合格。依法必须进行认证的农业机械，还应当由出入境检验检疫机构进行入境验证。

第十四条 农业机械销售者对购进的农业机械应当查验产品合格证明。对依法实行工业产品生产许可证管理、依法必须进行认证的农业机械，还应当验明相应的证明文件或者标志。

农业机械销售者应当建立销售记录制度，如实记录农业机械的名称、规格、生产批号、供货者名称及联系方式、销售流向等内容。销售记录保存期限不得少于3年。

农业机械销售者应当向购买者说明农业机械操作方法和安全注意事项，并依法开具销售发票。

第十五条　农业机械生产者、销售者应当建立健全农业机械销售服务体系，依法承担产品质量责任。

第十六条　农业机械生产者、销售者发现其生产、销售的农业机械存在设计、制造等缺陷，可能对人身财产安全造成损害的，应当立即停止生产、销售，及时报告当地质量监督部门、工商行政管理部门，通知农业机械使用者停止使用。农业机械生产者应当及时召回存在设计、制造等缺陷的农业机械。

农业机械生产者、销售者不履行本条第一款义务的，质量监督部门、工商行政管理部门可以责令生产者召回农业机械，责令销售者停止销售农业机械。

第十七条　禁止生产、销售下列农业机械：

（一）不符合农业机械安全技术标准的；

（二）依法实行工业产品生产许可证管理而未取得许可证的；

（三）依法必须进行认证而未经认证的；

（四）利用残次零配件或者报废农业机械的发动机、方向机、变速器、车架等部件拼装的；

（五）国家明令淘汰的。

第十八条　从事农业机械维修经营，应当有必要的维修场地，有必要的维修设施、设备和检测仪器，有相应的维修技术人员，有安全防护和环境保护措施，取得相应的维修技术合格证书，并依法办理工商登记手续。

申请农业机械维修技术合格证书，应当向当地县级人民政府农业机械化主管部门提交下列材料：

（一）农业机械维修业务申请表；

（二）申请人身份证明、企业名称预先核准通知书；

（三）维修场所使用证明；

（四）主要维修设施、设备和检测仪器清单；

（五）主要维修技术人员的国家职业资格证书。

农业机械化主管部门应当自收到申请之日起 20 个工作日内，对符合条件的，核发维修技术合格证书；对不符合条件的，书面通知申请人并说明理由。

维修技术合格证书有效期为 3 年；有效期满需要继续从事农业机械维修的，应当在有效期满前申请续展。

第十九条 农业机械维修经营者应当遵守国家有关维修质量安全技术规范和维修质量保证期的规定，确保维修质量。

从事农业机械维修不得有下列行为：

（一）使用不符合农业机械安全技术标准的零配件；

（二）拼装、改装农业机械整机；

（三）承揽维修已经达到报废条件的农业机械；

（四）法律、法规和国务院农业机械化主管部门规定的其他禁止性行为。

第三章 使用操作

第二十条 农业机械操作人员可以参加农业机械操作人员的技能培训，可以向有关农业机械化主管部门、人力资源和社会保障部门申请职业技能鉴定，获取相应等级的国家职业资格证书。

第二十一条 拖拉机、联合收割机投入使用前，其所有人应当按照国务院农业机械化主管部门的规定，持本人身份证明和机具来源证明，向所在地县级人民政府农业机械化主管部门申请登记。拖拉机、联合收割机经安全检验合格的，农业机械化主管部门应当在 2 个工作日内予以登记并核发相应的证书和牌照。

拖拉机、联合收割机使用期间登记事项发生变更的，其所有人应当按照国务院农业机械化主管部门的规定申请变更登记。

第二十二条 拖拉机、联合收割机操作人员经过培训后，应当按照国务院农业机械化主管部门的规定，参加县级人民政府农业机械化主管部门组织的考试。考试合格的，农业机械化主管部门应当在 2 个工作日内核发相应的操作证件。

拖拉机、联合收割机操作证件有效期为 6 年；有效期满，拖拉机、联合收割机操作人员可以向原发证机关申请续展。未满 18 周岁不得操作拖拉机、联合收割机。操作人员年满 70 周岁的，县级人民政府农业机械化主管部门应当注销其操作证件。

第二十三条　拖拉机、联合收割机应当悬挂牌照。拖拉机上道路行驶，联合收割机因转场作业、维修、安全检验等需要转移的，其操作人员应当携带操作证件。

拖拉机、联合收割机操作人员不得有下列行为：

（一）操作与本人操作证件规定不相符的拖拉机、联合收割机；

（二）操作未按照规定登记、检验或者检验不合格、安全设施不全、机件失效的拖拉机、联合收割机；

（三）使用国家管制的精神药品、麻醉品后操作拖拉机、联合收割机；

（四）患有妨碍安全操作的疾病操作拖拉机、联合收割机；

（五）国务院农业机械化主管部门规定的其他禁止行为。

禁止使用拖拉机、联合收割机违反规定载人。

第二十四条　农业机械操作人员作业前，应当对农业机械进行安全查验；作业时，应当遵守国务院农业机械化主管部门和省、自治区、直辖市人民政府农业机械化主管部门制定的安全操作规程。

第四章　事故处理

第二十五条　县级以上地方人民政府农业机械化主管部门负责农业机械事故责任的认定和调解处理。

本条例所称农业机械事故，是指农业机械在作业或者转移等过程中造成人身伤亡、财产损失的事件。

农业机械在道路上发生的交通事故，由公安机关交通管理部门依照道路交通安全法律、法规处理；拖拉机在道路以外通行时发生的事故，公安机关交通管理部门接到报案的，参照道路交通安全法律、法规处理。农业机械事故造成公路及其附属设施损坏的，由交通主管部门依照公路法律、法规处理。

第二十六条 在道路以外发生的农业机械事故，操作人员和现场其他人员应当立即停止作业或者停止农业机械的转移，保护现场，造成人员伤害的，应当向事故发生地农业机械化主管部门报告；造成人员死亡的，还应当向事故发生地公安机关报告。造成人身伤害的，应当立即采取措施，抢救受伤人员。因抢救受伤人员变动现场的，应当标明位置。

接到报告的农业机械化主管部门和公安机关应当立即派人赶赴现场进行勘验、检查，收集证据，组织抢救受伤人员，尽快恢复正常的生产秩序。

第二十七条 对经过现场勘验、检查的农业机械事故，农业机械化主管部门应当在 10 个工作日内制作完成农业机械事故认定书；需要进行农业机械鉴定的，应当自收到农业机械鉴定机构出具的鉴定结论之日起 5 个工作日内制作农业机械事故认定书。

农业机械事故认定书应当载明农业机械事故的基本事实、成因和当事人的责任，并在制作完成农业机械事故认定书之日起 3 个工作日内送达当事人。

第二十八条 当事人对农业机械事故损害赔偿有争议，请求调解的，应当自收到事故认定书之日起 10 个工作日内向农业机械化主管部门书面提出调解申请。

调解达成协议的，农业机械化主管部门应当制作调解书送交各方当事人。调解书经各方当事人共同签字后生效。调解不能达成协议或者当事人向人民法院提起诉讼的，农业机械化主管部门应当终止调解并书面通知当事人。调解达成协议后当事人反悔的，可以向人民法院提起诉讼。

第二十九条　农业机械化主管部门应当为当事人处理农业机械事故损害赔偿等后续事宜提供帮助和便利。因农业机械产品质量原因导致事故的，农业机械化主管部门应当依法出具有关证明材料。

农业机械化主管部门应当定期将农业机械事故统计情况及说明材料报送上级农业机械化主管部门并抄送同级安全生产监督管理部门。

农业机械事故构成生产安全事故的，应当依照相关法律、行政法规的规定调查处理并追究责任。

第五章　服务与监督

第三十条　县级以上地方人民政府农业机械化主管部门应当定期对危及人身财产安全的农业机械进行免费实地安全检验。但是道路交通安全法律对拖拉机的安全检验另有规定的，从其规定。

拖拉机、联合收割机的安全检验为每年 1 次。

实施安全技术检验的机构应当对检验结果承担法律责任。

第三十一条　农业机械化主管部门在安全检验中发现农业机械存在事故隐患的，应当告知其所有人停止使用并及时排除隐患。

实施安全检验的农业机械化主管部门应当对安全检验情况进行汇总，建立农业机械安全监督管理档案。

第三十二条　联合收割机跨行政区域作业前，当地县级人民政府农业机械化主管部门应当会同有关部门，对跨行政区域作业的联合收割机进行必要的安全检查，并对操作人员进行安全教育。

第三十三条　国务院农业机械化主管部门应当定期对农业机械安全使用状况进行分析评估，发布相关信息。

第三十四条　国务院工业主管部门应当定期对农业机械生产

行业运行态势进行监测和分析，并按照先进适用、安全可靠、节能环保的要求，会同国务院农业机械化主管部门、质量监督部门等有关部门制定、公布国家明令淘汰的农业机械产品目录。

第三十五条 危及人身财产安全的农业机械达到报废条件的，应当停止使用，予以报废。农业机械的报废条件由国务院农业机械化主管部门会同国务院质量监督部门、工业主管部门规定。

县级人民政府农业机械化主管部门对达到报废条件的危及人身财产安全的农业机械，应当书面告知其所有人。

第三十六条 国家对达到报废条件或者正在使用的国家已经明令淘汰的农业机械实行回收。农业机械回收办法由国务院农业机械化主管部门会同国务院财政部门、商务主管部门制定。

第三十七条 回收的农业机械由县级人民政府农业机械化主管部门监督回收单位进行解体或者销毁。

第三十八条 使用操作过程中发现农业机械存在产品质量、维修质量问题的，当事人可以向县级以上地方人民政府农业机械化主管部门或者县级以上地方质量监督部门、工商行政管理部门投诉。接到投诉的部门对属于职责范围内的事项，应当依法及时处理；对不属于职责范围内的事项，应当及时移交有权处理的部门，有权处理的部门应当立即处理，不得推诿。

县级以上地方人民政府农业机械化主管部门和县级以上地方质量监督部门、工商行政管理部门应当定期汇总农业机械产品质量、维修质量投诉情况并逐级上报。

第三十九条 国务院农业机械化主管部门和省、自治区、直辖市人民政府农业机械化主管部门应当根据投诉情况和农业安全生产需要，组织开展在用的特定种类农业机械的安全鉴定和重点检查，并公布结果。

第四十条 农业机械安全监督管理执法人员在农田、场院等场所进行农业机械安全监督检查时，可以采取下列措施：

（一）向有关单位和个人了解情况，查阅、复制有关资料；

（二）查验拖拉机、联合收割机证书、牌照及有关操作证件；

（三）检查危及人身财产安全的农业机械的安全状况，对存在重大事故隐患的农业机械，责令当事人立即停止作业或者停止农业机械的转移，并进行维修；

（四）责令农业机械操作人员改正违规操作行为。

第四十一条　发生农业机械事故后企图逃逸的、拒不停止存在重大事故隐患农业机械的作业或者转移的，县级以上地方人民政府农业机械化主管部门可以扣押有关农业机械及证书、牌照、操作证件。案件处理完毕或者农业机械事故肇事方提供担保的，县级以上地方人民政府农业机械化主管部门应当及时退还被扣押的农业机械及证书、牌照、操作证件。存在重大事故隐患的农业机械，其所有人或者使用人排除隐患前不得继续使用。

第四十二条　农业机械安全监督管理执法人员进行安全监督检查时，应当佩戴统一标志，出示行政执法证件。农业机械安全监督检查、事故勘察车辆应当在车身喷涂统一标识。

第四十三条　农业机械化主管部门不得为农业机械指定维修经营者。

第四十四条　农业机械化主管部门应当定期向同级公安机关交通管理部门通报拖拉机登记、检验以及有关证书、牌照、操作证件发放情况。公安机关交通管理部门应当定期向同级农业机械化主管部门通报农业机械在道路上发生的交通事故及处理情况。

第六章　法律责任

第四十五条　县级以上地方人民政府农业机械化主管部门、工业主管部门、质量监督部门和工商行政管理部门及其工作人员有下列行为之一的，对直接负责的主管人员和其他直接责任人

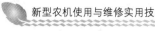

员，依法给予处分，构成犯罪的，依法追究刑事责任：

（一）不依法对拖拉机、联合收割机实施安全检验、登记，或者不依法核发拖拉机、联合收割机证书、牌照的；

（二）对未经考试合格者核发拖拉机、联合收割机操作证件，或者对经考试合格者拒不核发拖拉机、联合收割机操作证件的；

（三）对不符合条件者核发农业机械维修技术合格证书，或者对符合条件者拒不核发农业机械维修技术合格证书的；

（四）不依法处理农业机械事故，或者不依法出具农业机械事故认定书和其他证明材料的；

（五）在农业机械生产、销售等过程中不依法履行监督管理职责的；

（六）其他未依照本条例的规定履行职责的行为。

第四十六条 生产、销售利用残次零配件或者报废农业机械的发动机、方向机、变速器、车架等部件拼装的农业机械的，由县级以上质量监督部门、工商行政管理部门按照职责权限责令停止生产、销售，没收违法所得和违法生产、销售的农业机械，并处违法产品货值金额1倍以上3倍以下罚款；情节严重的，吊销营业执照。

农业机械生产者、销售者违反工业产品生产许可证管理、认证认可管理、安全技术标准管理以及产品质量管理的，依照有关法律、行政法规处罚。

第四十七条 农业机械销售者未依照本条例的规定建立、保存销售记录的，由县级以上工商行政管理部门责令改正，给予警告；拒不改正的，处1 000元以上1万元以下罚款，并责令停业整顿；情节严重的，吊销营业执照。

第四十八条 未取得维修技术合格证书或者使用伪造、变造、过期的维修技术合格证书从事维修经营的，由县级以上地方人民政府农业机械化主管部门收缴伪造、变造、过期的维修技术合格证书，限期补办有关手续，没收违法所得，并处违法经营额1倍以上2倍以下罚款；逾期不补办的，处违法经营额2倍以上5倍以下罚款，并通知工商行政管理部门依法处理。

第四十九条　农业机械维修经营者使用不符合农业机械安全技术标准的配件维修农业机械，或者拼装、改装农业机械整机，或者承揽维修已经达到报废条件的农业机械的，由县级以上地方人民政府农业机械化主管部门责令改正，没收违法所得，并处违法经营额1倍以上2倍以下罚款；拒不改正的，处违法经营额2倍以上5倍以下罚款；情节严重的，吊销维修技术合格证。

第五十条　未按照规定办理登记手续并取得相应的证书和牌照，擅自将拖拉机、联合收割机投入使用，或者未按照规定办理变更登记手续的，由县级以上地方人民政府农业机械化主管部门责令限期补办相关手续；逾期不补办的，责令停止使用；拒不停止使用的，扣押拖拉机、联合收割机，并处200元以上2 000元以下罚款。

当事人补办相关手续的，应当及时退还扣押的拖拉机、联合收割机。

第五十一条　伪造、变造或者使用伪造、变造的拖拉机、联合收割机证书和牌照的，或者使用其他拖拉机、联合收割机的证书和牌照的，由县级以上地方人民政府农业机械化主管部门收缴伪造、变造或者使用的证书和牌照，对违法行为人予以批评教育，并处200元以上2 000元以下罚款。

第五十二条　未取得拖拉机、联合收割机操作证件而操作拖拉机、联合收割机的，由县级以上地方人民政府农业机械化主管部门责令改正，处100元以上500元以下罚款。

第五十三条　拖拉机、联合收割机操作人员操作与本人操作证件规定不相符的拖拉机、联合收割机，或者操作未按照规定登记、检验或者检验不合格、安全设施不全、机件失效的拖拉机、联合收割机，或者使用国家管制的精神药品、麻醉品后操作拖拉机、联合收割机，或者患有妨碍安全操作的疾病操作拖拉机、联合收割机的，由县级以上地方人民政府农业机械化主管部门对违法行为人予以批评教育，责令改正；拒不改正的，处 100 元以上500 元以下罚款；情节严重的，吊销有关人员的操作证件。

第五十四条 使用拖拉机、联合收割机违反规定载人的，由县级以上地方人民政府农业机械化主管部门对违法行为人予以批评教育，责令改正；拒不改正的，扣押拖拉机、联合收割机的证书、牌照；情节严重的，吊销有关人员的操作证件。非法从事经营性道路旅客运输的，由交通主管部门依照道路运输管理法律、行政法规处罚。

当事人改正违法行为的，应当及时退还扣押的拖拉机、联合收割机的证书、牌照。

第五十五条 经检验、检查发现农业机械存在事故隐患，经农业机械化主管部门告知拒不排除并继续使用的，由县级以上地方人民政府农业机械化主管部门对违法行为人予以批评教育，责令改正；拒不改正的，责令停止使用；拒不停止使用的，扣押存在事故隐患的农业机械。

事故隐患排除后，应当及时退还扣押的农业机械。

第五十六条 违反本条例规定，造成他人人身伤亡或者财产损失的，依法承担民事责任；构成违反治安管理行为的，依法给予治安管理处罚；构成犯罪的，依法追究刑事责任。

第七章 附则

第五十七条 本条例所称危及人身财产安全的农业机械，是指对人身财产安全可能造成损害的农业机械，包括拖拉机、联合收割机、机动植保机械、机动脱粒机、饲料粉碎机、插秧机、铡草机等。

　　第五十八条　本条例规定的农业机械证书、牌照、操作证件和维修技术合格证，由国务院农业机械化主管部门会同国务院有关部门统一规定式样，由国务院农业机械化主管部门监制。

　　第五十九条　拖拉机操作证件考试收费、安全技术检验收费和牌证的工本费，应当严格执行国务院价格主管部门核定的收费标准。

　　第六十条　本条例自2009年11月1日起施行。

参 考 文 献

［1］李文霞．拖拉机的构造及其保养．吉林农业，2012（7）．

［2］程国权．拖拉机的使用与维护常识．养殖技术顾问，2010（6）．

［3］宋跃文，孟庆国．农业机械故障成因分析［J］．农机使用与维修。2009（4）．

［4］刘娟．拖拉机离合器常见故障与排除方法．农村科技，2010（7）．

［5］姚宗路．小麦对行免耕播种机的改进研究［D］．中国农业大学，2005．

［6］陈君达，李洪文，高焕文．玉米免耕整秆覆盖播种机的防堵装置［J］．北京农业工程大学 学报，1994.7．

［7］朱瑞祥，张军昌，薛少平，等．保护性耕作条件下的深松技术试验［J］．农业工程学报．2009，25（6）．

［8］谭国波，边少锋，方向前，等．国内外保护性耕作技术的发展现状与我省的研究方向［J］．吉林农业科学 2006.31（3）：29－31．

［9］王兆卫．小杂粮免耕播种机的研究［D］．中国农业大学，2005．

［10］李玉联，王芳林．背负式玉米联合收获机的正确安装调整、使用维护．农机使用与维修，2007（2）．

［11］李俊民．玉米联合收获机的维护与保养．当代农机，2014（1）．

［12］徐大庄．玉米联合收割机如何选购、使用与保养．农民致富之友，2013（13）．

［13］杜桂莲．玉米联合收割机的使用操作和维护保养注意事项．现代化农业，2013（11）．

［14］尚书旗，等．玉米联合收获机使用与维修．中国农业出版社，2002.4.1.

［15］史建新．玉米秸秆还田机的选购和使用要点［J］．农业机械化与电气化，2007（1）：21－22.

［16］张合秀．玉米秸秆还田机使用的注意事项［J］．农机具之友，1996（4）：7.

［17］王华，李国胜，王琪．玉米秸秆还田机操作技术［J］．山东农机化，2002（14）：29.

［18］韩庆亮．4JQ～116C型玉米秸秆还田机的正确使用及故障排除［J］．农机具之友，1995（4）：24－25.

［19］乔庆勇，杨德荣．秸秆还田机的调理使用［J］．山东农机化，2001（9）：13.

［20］河北农哈哈机械集团有限公司．ISZL-200A深松整地联合作业机使用说明书.

［21］河北农哈哈机械集团有限公司．IS系列深松机使用说明书.

［22］河北农哈哈机械集团有限公司．玉米免耕深松全层施肥精播机使用说明书.

［23］长春市恩达农业装备有限公司．ISFS-200型分层深松施肥机使用说明书.

［24］新型农业机械使用与维修．中国科学文化音像出版社.

［25］茹新杰，朱东风．新型自走式青饲料收获机的使用与保养方法．养殖技术顾问，2004（8）．

［26］袁长胜，孙先明，孙锦秀．玉米青贮收获机的选型和正确使用．农机使用与维修，2006（3）．

［27］胡霞．玉米播收机械操作与维修．化学工业出版社，2010.09.

［28］鲁明.4SL－10型大型饲料青贮收获机．农业机械，2005（2）.

［29］薛玉和，王成长．当前玉米青贮机械收获存在问题及发展建议．新疆农机化，2003（5）.

［30］田金榜，黄淑贤，王春梅．宁城县推广日光温室大棚卷帘机的前景分析［J］．农村牧区机械化，2009（4）：31－32.

［31］张福埁．农业现代化与我国设施园艺工程［J］．农业工程学报，2002，18（增刊）：123.

［32］潘文维，罗庆熙，李军．我国温室产业现状及发展建议［J］．北京园艺，2002，（3）：425.

［33］周长吉．日光温室的结构优化［J］．农业工程学报，1996，12（增刊）：27－29.

［34］崔保苗，王占文，赵聪，等.JL250型日光温室卷帘机的设计研究．山西农业大学学报，2003，23（3）：261－264.